阿 槑　著绘

南京出版传媒集团
南京出版社

图书在版编目（CIP）数据

自然物语 / 阿槑著绘. -- 南京 : 南京出版社,
2023.6

（“槑好南京”丛书）

ISBN 978-7-5533-4234-4

Ⅰ. ①自… Ⅱ. ①阿… Ⅲ. ①生态环境保护－南京－普及读物 Ⅳ. ①X321.253.1-49

中国国家版本馆CIP数据核字(2023)第088512号

书　　名：自然物语
作　　者：阿槑
出版发行：南京出版传媒集团
南 京 出 版 社
社址：南京市太平门街53号　　邮编：210016
网址：http://www.njcbs.cn　　电子信箱：njcbs1988@163.com
联系电话：025-83283893、83283864（营销）　025-83112257（编务）

出 版 人：项晓宁
出 品 人：卢海鸣
责任编辑：崔龙龙
装帧设计：南京玲珑天文化发展有限公司
责任印制：杨福彬

印　　刷：南京顺和印刷有限责任公司
开　　本：710毫米×1000毫米　1/16
印　　张：11
字　　数：120千字
版　　次：2023年6月第1版
印　　次：2024年8月第2次印刷
书　　号：ISBN 978-7-5533-4234-4
定　　价：39.00元

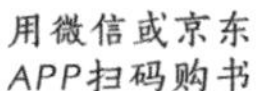

用淘宝APP
扫码购书

《自然物语》编委会

生物多样性是什么?

生物多样性就是生命，生物多样性也是我们的生命。生物多样性是人类赖以生存和发展的基础，是地球生命共同体的血脉和根基。山川河流、万千草木、珍禽异兽，都展现着丰富的生物多样性之美。

南京，六朝古都，十朝都会，自然条件得天独厚，长江穿城而过，河湖点缀其间，山水城林融为一体，江河湖泊相得益彰，生态系统类型多样。以自然之道，养万物之生，近年来，在国家生物多样性战略框架指引下，南京积极推进生态文明建设和生物多样性保护，全市生态环境质量明显改善，生物多样性保护取得积极进展。

漫步江边，在城市中心远眺江豚戏水；寻觅山林，欣赏中华虎凤蝶翩翩起舞；驻足湿地，赞叹候鸟大军浩浩荡荡。玄武湖畔，明城墙下，迄今，世界城市环境中已知最大的天然更新

水杉种群扎根生长……与野生动植物的“不期而遇”，从市民的“新鲜事”变成“寻常事”，爱由心生，行而不辍，生物多样性保护越来越成为南京的生态名片和全民行动。

由南京市生态环境保护宣传教育中心牵头编著的《自然物语》一书，共分为“在山间”“在水边”“在城市”“在乡村”四个篇章，通过手绘漫画和探险故事带领读者邂逅大自然的瑰丽和神奇，领略南京野生动植物的生活环境及成长轨迹，以期提升公众生物多样性保护的意识和能力，通过生物多样性保护推动绿色发展，加快推动发展方式和生活方式的绿色转型。

“万物各得其和以生，各得其养以成。”尊重自然、顺应自然、保护自然，行动才有力量！期待这本色彩丰富、故事生动的图书，能让您在日常生活中创造参与生物多样性保护的无限可能。

下面，就让我们跟随风车娃和阿槑一起去探寻金陵城中美丽物种的奇妙故事吧！

《自然物语》编委会

2023 年 5 月 9 日

目录

在山间

南京地处宁镇扬丘陵地区，低山缓岗、龙蟠虎踞，万里长江穿城而过，紫金山、栖霞山、幕府山、狮子山点缀其中，这些山峦不仅仅是南京的标志性景观，更是这座城市生态系统中重要的一环。

随着城市环境的不断改善，有许多神奇的生物在山间奏响着生命的乐章。于是，阿槑决定和风车娃一起开启探索之旅，去发现隐藏在南京山间的秘密！

山里的
四季变化

山里的四季，仿佛是一场永不停歇的生命交响曲，每个季节用它独特的节奏，为山里的万物赋予了无限的生命力。

老鸦瓣

Amana edulis (Miq.) Honda

林间最早的报春使者

早起的中华虎凤蝶

乍暖还寒的早春，阳光透过树枝间隙，温暖地洒在林间。阿槑被前方栖息在枯树枝上的一只“小老虎”所吸引，只见它身形中等、翅膀上有黄底黑条的斑纹，远看特别像一只迷你的“小老虎”。

中华虎凤蝶的一生

每年惊蛰前后，中华虎凤蝶的蛹会从沉睡中醒来，陆续羽化成蝶。作为完全变态发育的昆虫，中华虎凤蝶的一生要经历卵、幼虫、蛹、成虫四个阶段，其中成虫的存活时间只有 20 天左右。

中华虎凤蝶的菜单

杜衡和细辛这两种马兜铃科细辛属植物，是中华虎凤蝶幼虫的主食。中华虎凤蝶妈妈会把卵整齐的产在细辛和杜衡叶的背面。

细辛

Asarum heterotropoides

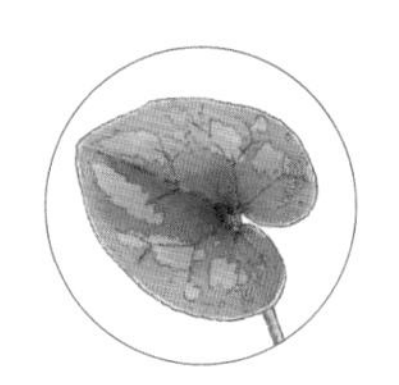
杜衡

Asarum forbesii

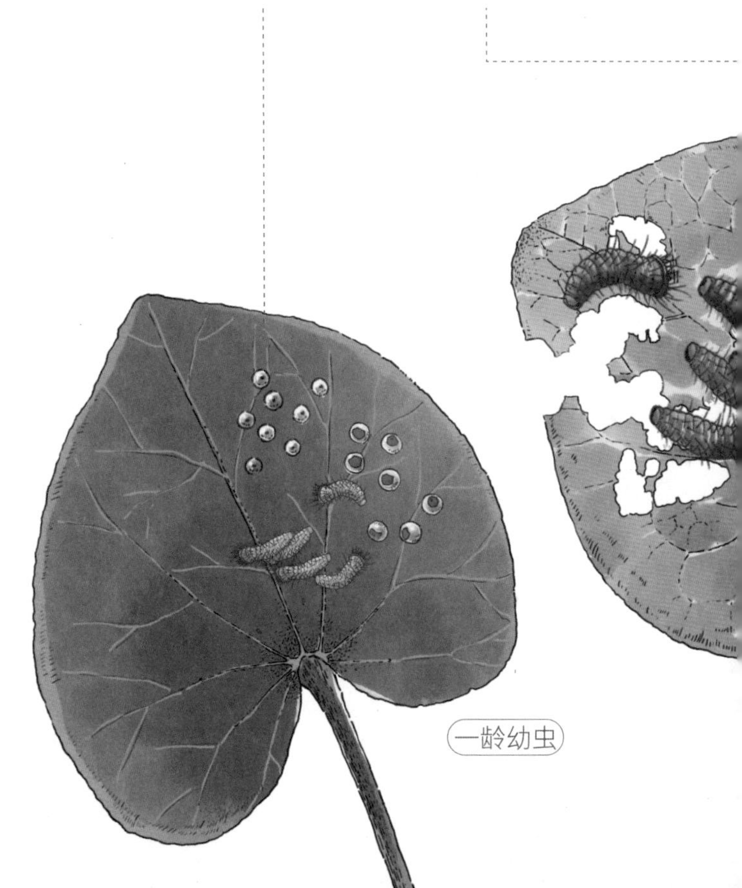

中华虎凤蝶
Luehdorfia chinensis
成虫
五龄幼虫
蛹

亚洲狗獾
Meles leucurus

遇见狗獾

狗獾虽在春、秋两季活动最多，但一般夜出昼回，能看到它们的机会极其稀少。在风车娃的带领下，阿槑很幸运地看到了一只狗獾妈妈带着宝宝回洞的画面。

狗獾自带可爱属性，身体肉嘟嘟的，腿短还没脖子，灰白色的头上有两道黑色纵纹，从鼻子延伸到耳朵。

复杂的洞穴

狗獾的洞穴简直就是一个地下别墅！不仅有餐厅、卧室、亲子室、储藏室，甚至还会在主洞穴外边挖出一个卫生间！

狗獾家里是什么样呢?
它们可是住着"地下别墅"呢!
貉
Nyctereutes procyonoides
如此豪华的住宅，经常引来不擅长挖洞的貉来借住。

狗獾的食谱

作为“机会主义者”，狗獾秉持着“遇到什么吃什么”的原则。鼠类、癞蛤蟆、蚯蚓，都是它的盘中餐。

狗獾也吃素，玉米、花生等植物根茎也是它们食谱中必不可少的美味佳肴。

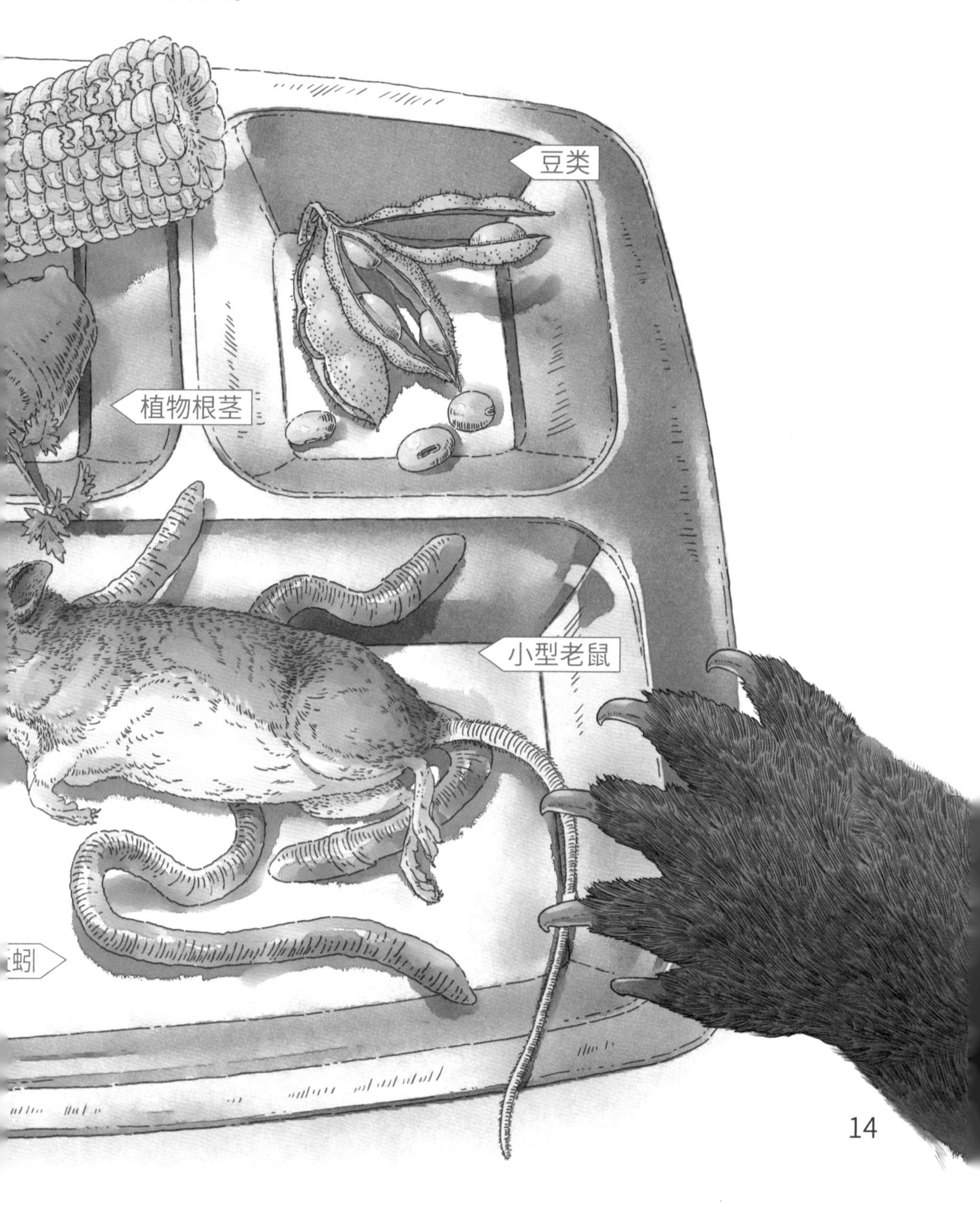

等你来“捉”我

仲春的林间碎石路上，一只调皮的中华虎甲挡住了阿槑和风车娃的去路，鞘翅上的彩虹纹，闪耀着金属的光泽，煞是好看。

只见它摆出一副挺胸抬头的高傲姿态，仿佛在说着：“来抓我啊！”但无论阿槑和风车娃怎么追，它总是隔着四五米的距离，遥遥领先。把阿槑和风车娃累得够呛。

世界上爬行最快的昆虫

猎豹每秒只能跑 16 个自己的身长。而中华虎甲每秒能够移动 171 个自己的身长！

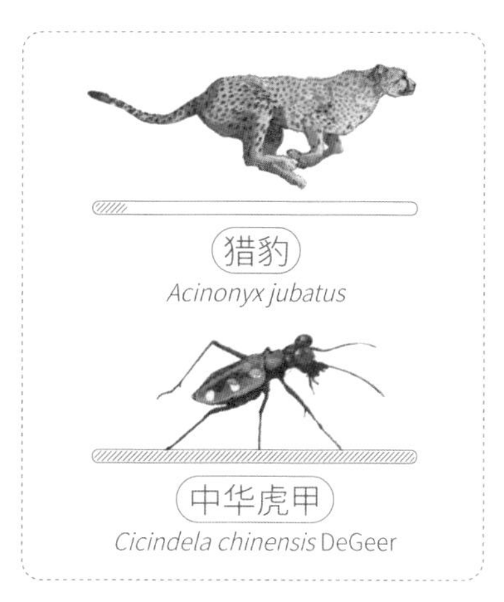

小贴士

中华虎甲的速度居然比猎豹还快？

如果按照体长比例来计算的话，中华虎甲可谓是陆地上奔跑最快的生物了。但因为中华虎甲的速度太快，它跑起来自己也会眼晕，甚至会瞬间失明。所以在追捕猎物的过程中，它需要停下三、四次，恢复一下视力，重新定个焦，看清楚猎物在哪儿。

真是快得连自己都“晕车”啊！

危险的杀手

中华虎甲的幼虫，虽然长得差强人意，却十分聪明，它会把身体藏在挖好的洞中，只把有力的上颚露出洞外，等待蚂蚁或者小虫爬过洞口时突然袭击，然后把它们拖进洞内，慢慢享受美食。

中华虎甲的亲朋好友们

虎甲属于步甲总科的一个独特的分支。步甲家族是昆虫界种类最多的家族之一，在全球都有广泛的分布，其种多达约 4 万种。尽管它们的体型和颜色有所不同，但大多数步甲都是身披闪亮外壳，带有金属光泽质感的样子，看起来真是时髦呢！

中华虎甲
Cicindela chinensis DeGeer

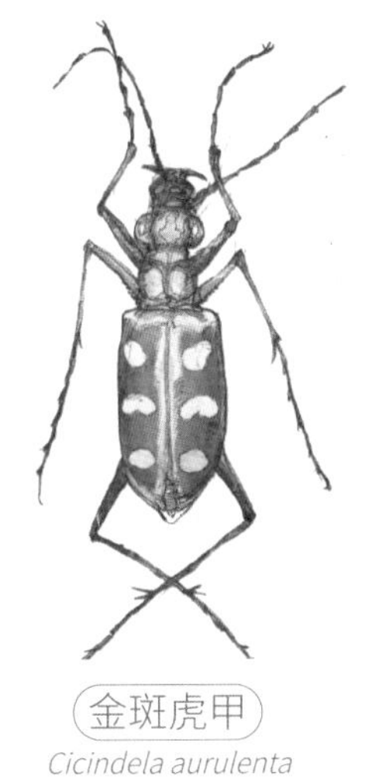

金斑虎甲
Cicindela aurulenta

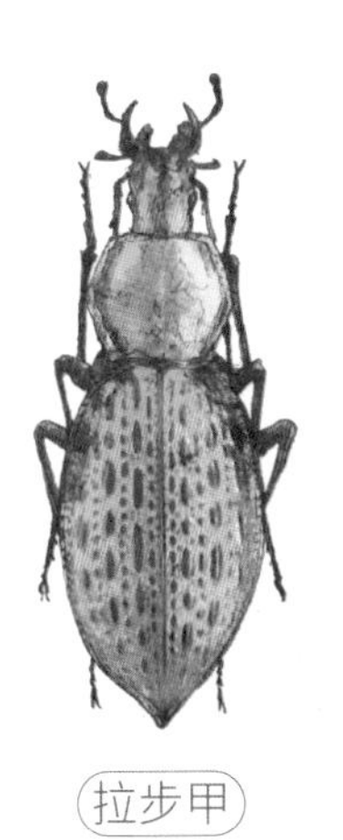

拉步甲
Carabus lafossei

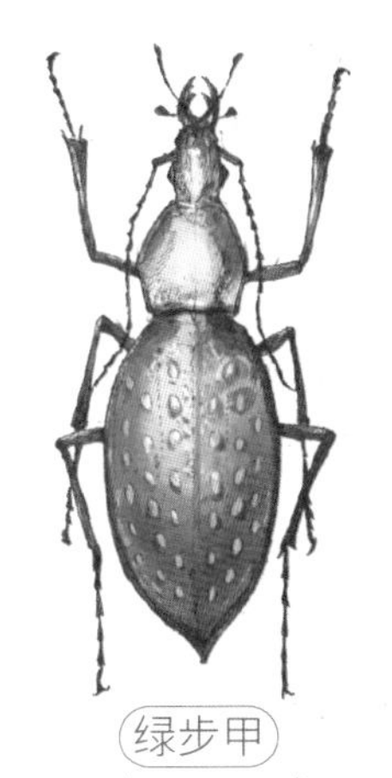

绿步甲
Carabus smaragdinus Fischer von Waldheim

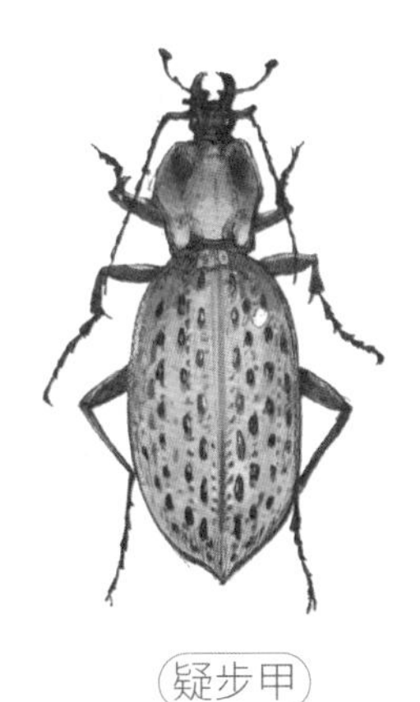

疑步甲
Carabus elysii Thomson

夏日灯下的大聚会

日铜罗花金龟

Pseudotorynorrhina japonca

墨绿彩丽金龟

Mimela splendens

黑罗花金龟

Rhomborrhina nigra Saunders

臭蜣螂

Copris ochus Motschulsky

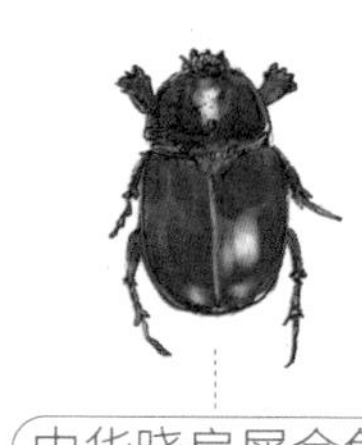

中华晓扁犀金龟

Eophileurus chinensis

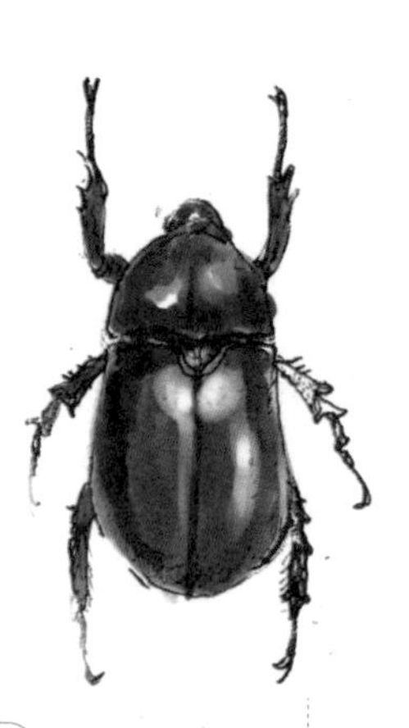

双叉犀金龟

Allomyrina dichotoma

夏日，太阳炙烤着大地，南京白天的温度直逼人投降。到了夜里，趁着阵阵微风，阿槑和风车娃在山顶的路灯下，悄悄观察起了昆虫的大聚会。

昆虫为什么那么喜欢往亮的地方扑呢？

其实，昆虫对特定波段的光具有趋向性，这个生物特性让很多的有翅昆虫向着光的方向匆匆飞来。

锯角蝶角蛉

Ascalohybris subjacens (Walker, 1853)

小黑宁蝉

Yezoterpnosia vacua

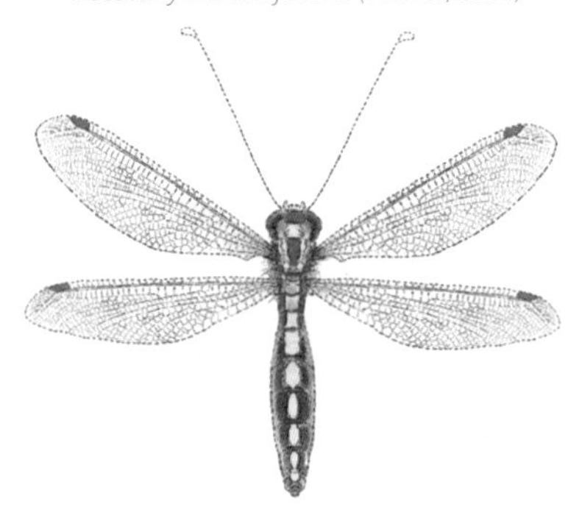

黄脊蝶角蛉

Ascalohybris subjacens (Walker, 1853)

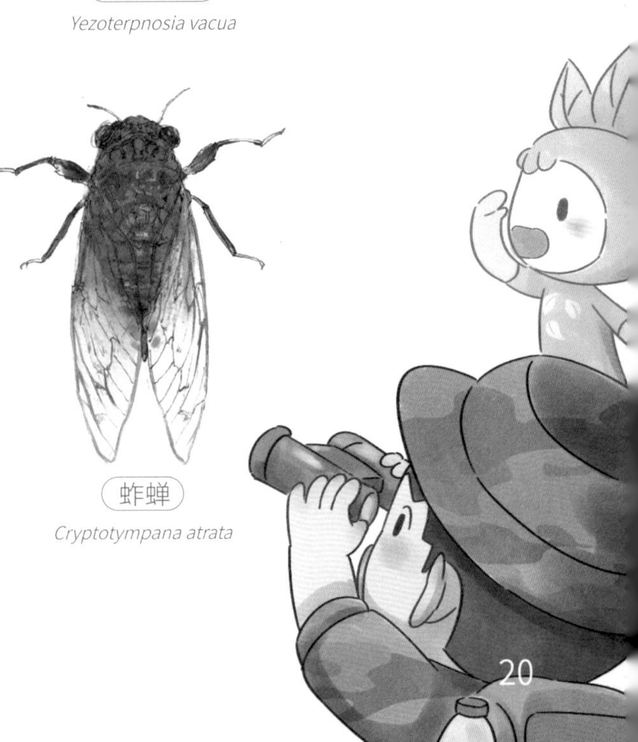

蚱蝉

Cryptotympana atrata

夜幕下的危险

山中夏夜，充满着生机与奇妙的同时，在那些阴暗的角落也潜伏着各种不为人知的危险。草丛与潮湿阴暗的角落，是各种蛇类的地盘。

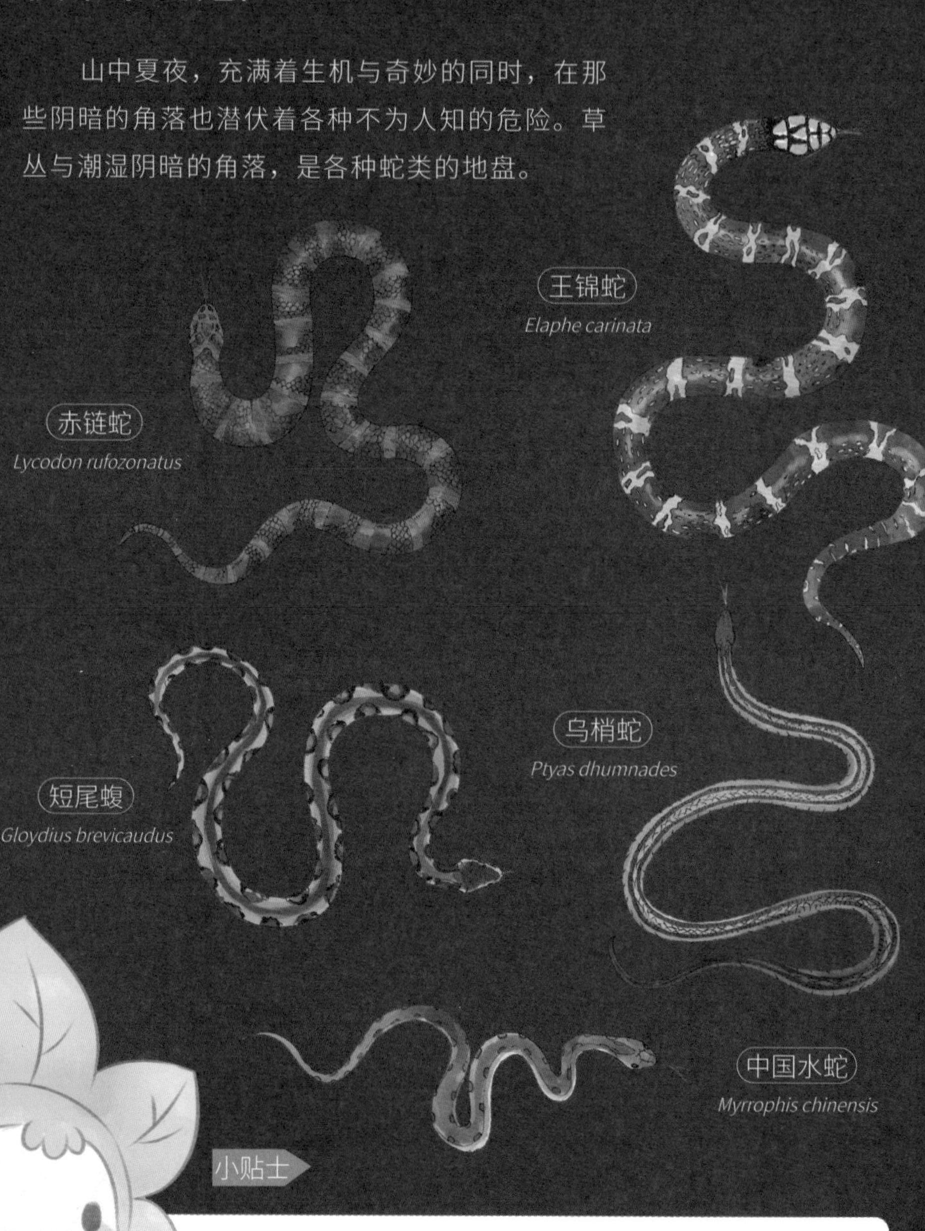

小贴士

风车娃在此提醒大家不要随便登爬野山哦！夜间登山时，我们要用登山杆一路走一路敲，这样就能“打草惊蛇”，避免被毒蛇咬伤。

小心毒虫

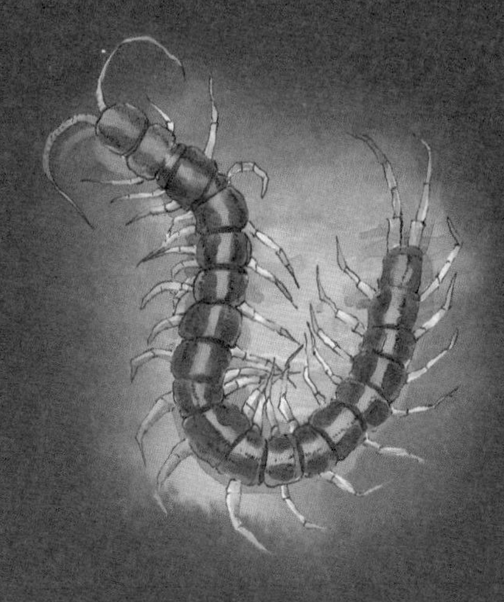

少棘蜈蚣

Scoropendra subspinipes mutilans

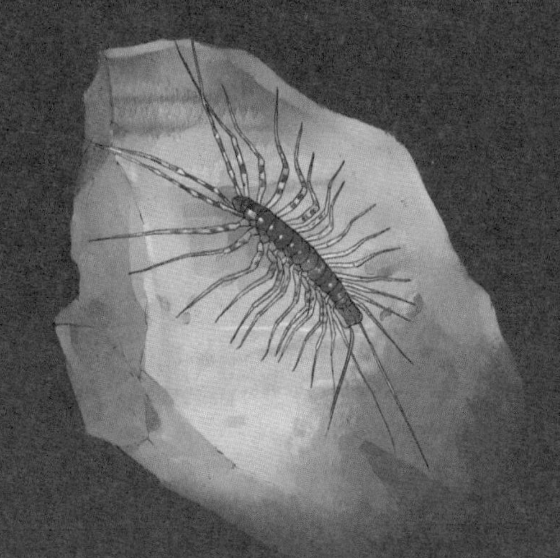

蚰蜒

scutiger coleoptrata

斯氏盾鞭蝎

Typopeltis stimpsonii (Wood, 1862)

岩石下与草地里也是一些有毒的昆虫和节肢动物的巢穴。当你在山林中遇见它们时，不要“碰瓷”，敬而远之，慢慢绕开走是最好的选择。

黑暗里的小飞侠

红角鸮作为夜行性的鸟类，白天喜欢躲藏在树上浓密的枝叶丛间，靠在树干上或洞里休息，晚上才出来觅食。作为一种小型的猫头鹰，多以昆虫、蜘蛛以及一些小的脊椎动物为食，是暗夜里的“小飞侠”。

保护红角鸮

进入夏天，红角鸮也进入了繁殖期，喂食幼鸟的画面，吸引了大批手持“长枪短炮”的拍鸟人，山林里飞来了红角鸮，让大家都很欣喜。

为了让它们生活得更自由自在，不打扰才是最好的方法。因此，我们遇见它们时，一定要文明观鸟，给予它们充分的空间和尊重。

小贴士

文明观鸟：

①尽量减少5人及以上长时间（半小时及以上）拍摄和观察鸮类的行为；

②单人拍摄鸮类单次时间控制在半小时以内（科研观察记录除外）；

③夜间拍摄鸮类禁用高亮度照明设备，亮度控制在2000流明以内，照射距离应大于15米；

④拒绝追逐拍摄野生鸮类；

⑤禁止在鸮类繁殖巢区范围内播放鸟音。

红角鸮
Otus sunia
纵纹腹小鸮
Athene noctua
北鹰鸮
Ninox japonica
长耳鸮
Asio otus

猫头鹰大家族

领角鸮
Otus lettia

北领角鸮
Otus semitorques

斑头鸺鹠
Glaucidium cuculoides

喜欢晚睡的阿槑经常被称为“夜猫子”，但是跟真正的“夜猫子”昼伏夜出的猫头鹰家族比起来，就小巫见大巫了。能吸引这么多种喜欢生活在森林中的猫头鹰定居，只能说南京的山林可太有魅力了！

秋日调色盘

山里的秋天是四季中最五彩斑斓的季节。

深秋时节，阿槑和风车娃相约石象路，来感受南京最美600米。他们沿着石象路前行，道路两侧，渐红的榉树，金黄的银杏，疏落有致，构成了一幅美丽的画卷。阿槑和风车娃仿佛置身于多彩的童话世界，不由得为大自然的杰作发出感叹。

阿槑的秋叶藏品

银杏叶
Ginkgo biloba
构树叶
Broussonetia papyrifera
枫香树
Liquidambar formosana
梧桐叶（二球悬铃木）
Platanus acerifolia (Aiton) Willd.

乌桕叶
Triadica sebifera
樟树叶
Cinnamomum camphora
榉树叶
Zelkova serrata
女贞叶
Ligustrum lucidum
朴树叶
Celtis sinensis
白栎
Quercus fabri Hance
银缕梅叶
Shaniodendron subaequale
水杉叶
Metasequoia glyptostroboides
Hu & W. C. Cheng

路边的野果们

行走在林间深处，阿槑不时会听到清脆的噼噼啪啪的声音，此起彼伏，像是奏响了林间美妙的乐章。

风车娃说那是成熟的橡果落地的声音，阿槑边走边捡，可是捡到不少的“宝贝”。

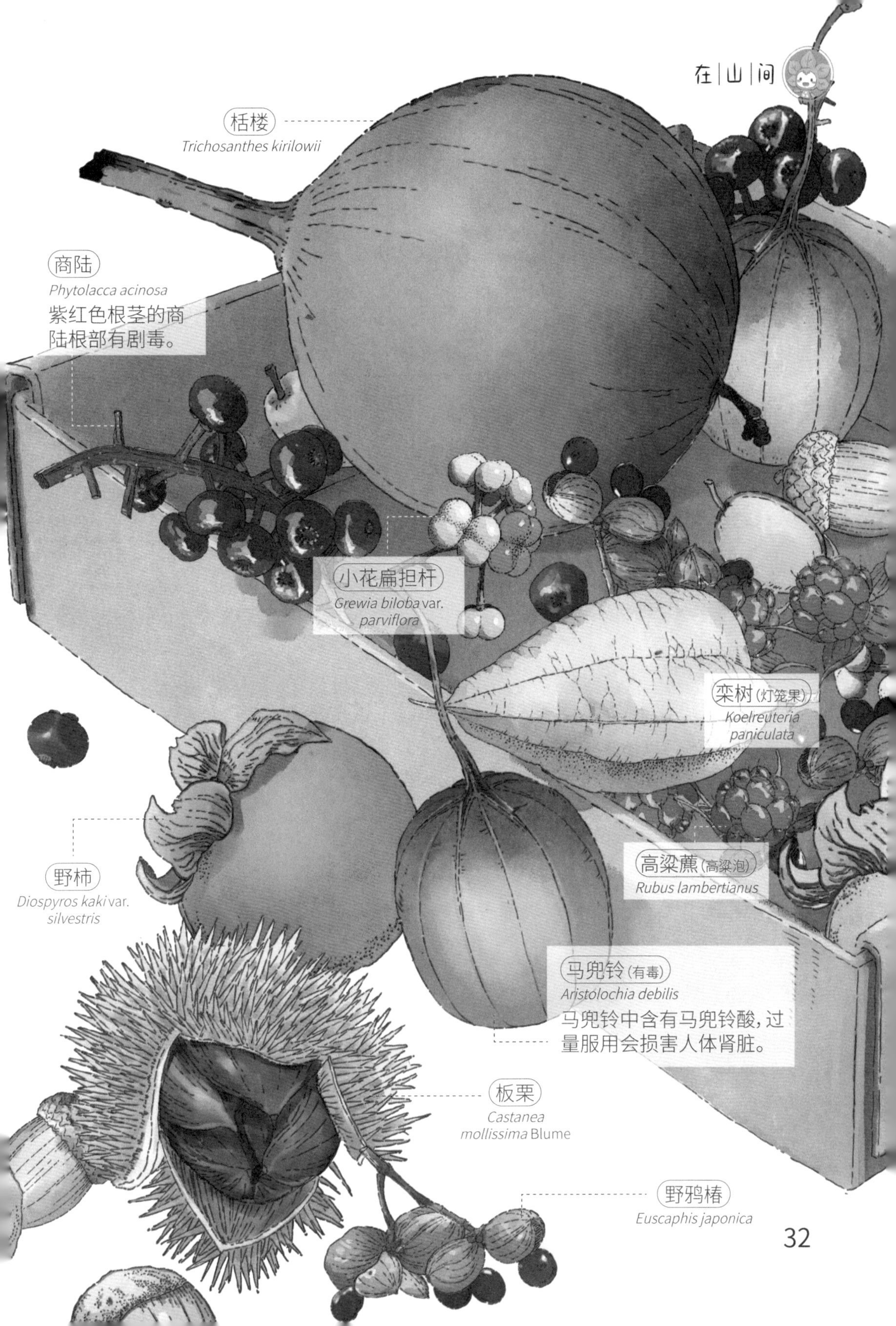
栝楼
Trichosanthes kirilowii
商陆
Phytolacca acinosa
紫红色根茎的商陆根部有剧毒。
小花扁担杆
Grewia biloba var. parviflora
栾树(灯笼果)
Koelreuteria paniculata
高粱藨(高粱泡)
Rubus lambertianus
野柿
Diospyros kaki var. silvestris
马兜铃(有毒)
Aristolochia debilis
马兜铃中含有马兜铃酸,过量服用会损害人体肾脏。
板栗
Castanea mollissima Blume
野鸦椿
Euscaphis japonica

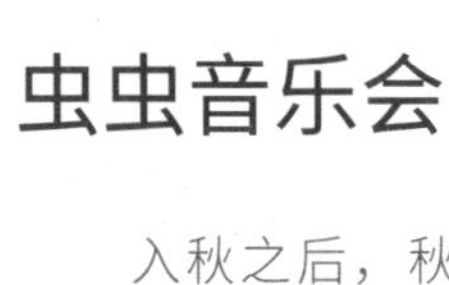

虫虫音乐会

入秋之后，秋虫呢喃。蝈蝈、叫油子、纺织娘、金蛉、马蛉、竹蛉等统统出动，它们发出的声音，有的高亢、有的舒缓、有的低沉、有的宛转，像是在举行一场秋日音乐会。

会发声的螽斯

蝈蝈（优雅蝈螽）
Gampsocleis grafiosa Brunner Von Wattenwvl

叫油子（暗褐蝈螽）
Gampsocleis sedakovii obscura

纺织娘
Mecopoda elongata

会发声的蛉类

马蛉（日本钟蟋）
Meloimorpha japonica

竹蛉（中华树蟋）
Oecanthus indicus Saussure

金蛉（双带金蛉蟋）
Svistella bifasciata

音乐家的照片墙

蟋蟀们凭借出色的歌唱才华被尊称为“虫界音乐家”，他们的翼鞘能向着两个不同的方向伸出，形成独特的制音器，发出“keli keli”的独特歌声。

『网红』野猪家族

南京是一座集山水成林为一体、河流绿岛串珠成链的生态之城，给野生动植物提供了很好的生存环境。近两年，野猪不仅在南京过上了幸福的生活，更是凭实力获封“南京新市民”的称号。

#热搜# 野猪入侵

·TOP1

#南京紫金山野猪频出没#

阅读量:2530万

·TOP2

#南京街头野猪闯进奶茶店#

阅读量:969.5万

·TOP3

#双十一野猪校园秀恩爱被麻醉带走#

阅读量:1537万

野猪

Sus scrofa

野猪是一种领地意识很强的动物，虽然在一般情况下不会主动攻击人类，但是当野猪感到自己生命遇到危险的时候，它们就会孤注一掷，像发疯一样攻击入侵者。

野猪的皮肤最厚可达2厘米至3厘米！雄性野猪更有两对不断生长的犬齿，一旦正面冲撞，对人的杀伤性是非常大的！

小贴士

在野外遇到野猪怎么办？

1.躲避是最好的办法！保持冷静，不要进行挑衅、吼叫、投掷石块等行为，建议与野猪保持一定的距离。

2.切勿随意投喂野猪，破坏野猪天然的食物链，还会增加人畜共患疾病的风险。

3.一旦野猪有攻击性行为，可以爬上树，或者敲打铁器物品，将野猪吓跑。

冬日“鹿”影

冬日的山里，似乎比其他季节安静许多。就连远处窸窸窣窣的声音都能听个一清二楚，阿槑和风车娃踏着松软的雪花，准备上前一探究竟。

只见一只“鹿”正在低头觅食，看到阿槑拔腿就跑，一眨眼的工夫便消失在山林深处。

风车娃告诉阿槑，这种机警的“鹿”，其实是国家二级保护动物獐。

小贴士
风车娃，你是怎么分辨这是獐还是鹿的？
獐的獠牙
①头和牙齿骨骼图
獐的牙龈内有一条组织带（深红色），来控制獠牙的活动。
②攻击形态
需要打斗时，则通过面部肌肉的控制，像折叠刀一样向前弹出，同时下巴收缩，使得两颗獠牙彼此靠得更近。
③进食形态
平时向后折叠，防止干扰进食。
体长约1米，呲着两颗“小虎牙”而且没有角的小家伙就是獐。

分不清的林间“小鹿”

鹿科动物栖息于苔原、林区、荒漠、灌丛和沼泽，给山间增添了灵气，但你知道如何分辨这些林间小鹿吗？

獐 *Hydropotes inermis*　　麂 *Muntiacus reevesi*　　梅花鹿 *Cervus nippon*

对比表

种类	角	獠牙
麂	有	有
獐	无	有
梅花鹿	有	无

幼獐不要随便救

刚出生一到两周的獐宝宝，大部分时间会卧在草丛里，而獐妈妈通常会故意与宝宝保持一点点距离，以免暴露宝宝的踪迹。

你为什么要拦我?

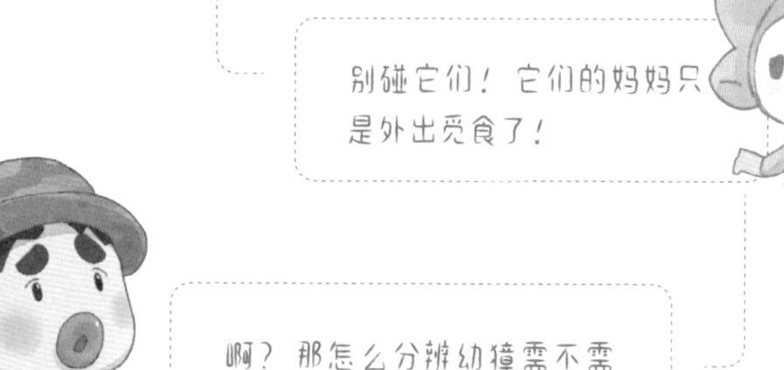

别碰它们!它们的妈妈只是外出觅食了!

啊?那怎么分辨幼獐需不需要救助呢?

救助幼獐的两个标准

1.幼獐明显受伤或生命垂危,如存在外伤或者淋水失温等。
2.幼獐出现在不该出现的位置上,如马路、居民区等。

雪地脚印

一场大雪，给大地盖上了一层厚厚的棉被，雪后，整个世界都安静了下来。山里大部分的动物进入了冬眠状态，但有一部分依然在雪地里出没。

跟随雪地上的脚印，阿槑和风车娃能发现哪些小动物呢？

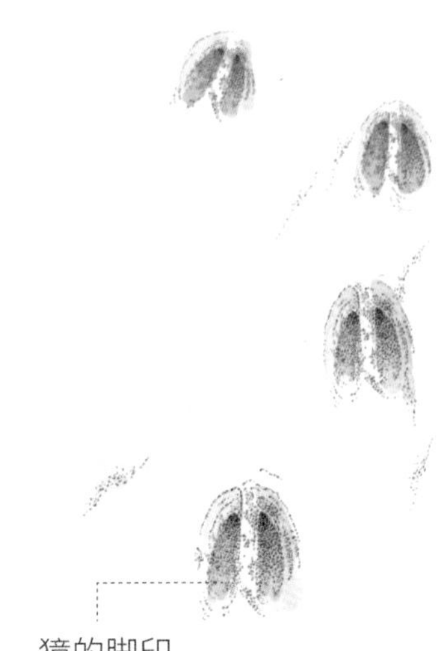

其他动物的脚印

环颈雉

Phasianus colchicus

密集的“小箭头”是野鸡走过的证据。

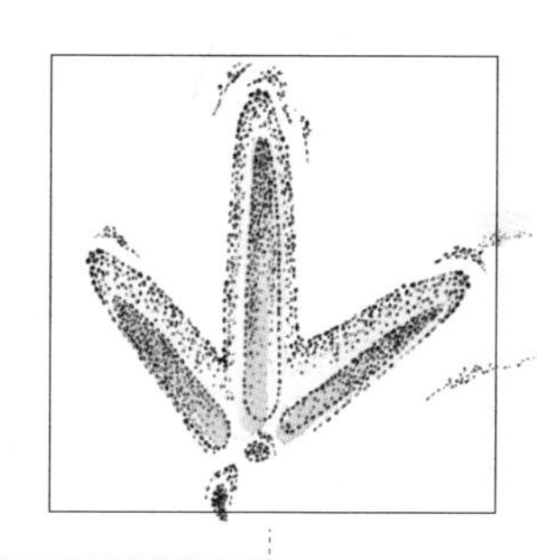

野猪

Sus scrofa

野猪的蹄有四趾，会在雪地留下两大两小对称的脚印。

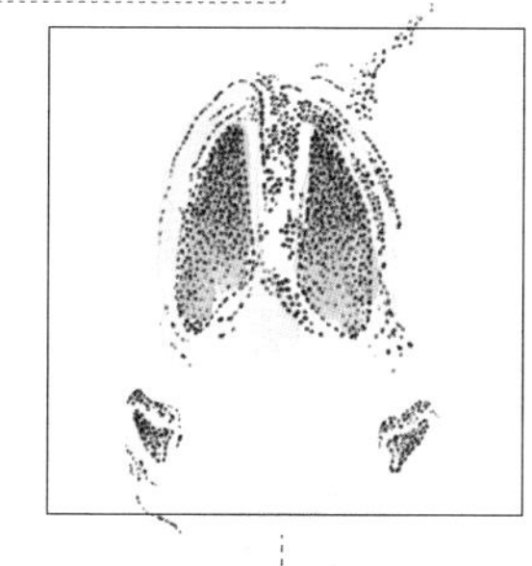

华南兔

Lepus sinensis

前肢小，后肢大。

前脚

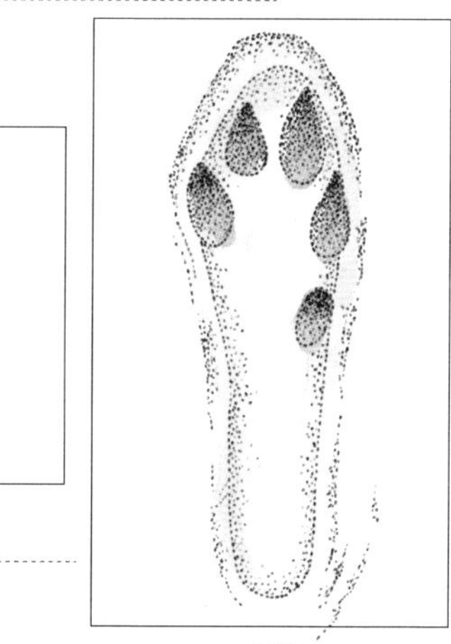

后脚

它们为什么要冬眠?

东北刺猬
Erinaceus amurensis
刺猬喜欢躺在枯枝落叶组成的窝里，对它们来说，过早地醒来，可能存在饿死的风险。

饰纹姬蛙
Microhyla fissipes
冬眠时会选择背风向阳的洞穴，以此维持身体最低水平的生命活动所需的能量。

赤链华游蛇
Trimerodytes annularis
气温低于 10 度便缩成一团不再进食，进入冬眠状态。

小贴士

风车娃，它们为什么会冬眠呢？

寒冬的到来，不少动物为了尽可能地减少能量消耗，会宅在家里，不动也不吃，睡上一整个冬季。冬眠行为不仅出现在哺乳动物中，两栖、爬行类动物都有冬眠行为哦！

貉

Nyctereutes procyonoides

进入冬眠之后的貉跟狗獾，同住一个洞穴，迎来了短暂相处的融洽时光。

亚洲狗獾

Meles leucurus

通常温度降到 0 度左右，狗獾就开始冬眠，冬眠之前它们会大量进食，使体内脂肪增加。

忍受寒冬的小生命

昆虫中有的是以卵或者蛹的形态过冬，有的是以成虫的形态过冬。入冬时节，山野万木沉寂，大雪纷飞，它们隐藏在叶子底下，树皮缝里，依然没有放弃，顽强地抵抗着寒冬。

尖翅银灰蝶

Curetis acuta Moore

大多数日子里，它们的两条前足会蜷缩起来，而在暴风雨或者下雪的日子里，它们则会将前足伸出，紧紧抓住树叶。

长额天牛

Aulaconotus sp.

八角金盘为长额天牛提供了越冬的好住处。

异色瓢虫

Harmonia axyridis

冬天，悄悄看一眼标识牌后面，瓢虫们可能聚集在这里哦！

枯树上的艺术

以幼虫形态越冬，可能是蝴蝶之中最多的。有不下树仍留在寄主植物上过冬的，有下树离开寄主植物在枯枝落叶中过冬的，还有集群越冬的。

在掉光树叶的枯树枝上，阿槑惊喜地发现有好多等待着春天的虫子呢！

柳紫闪蛱蝶(幼虫)
Apatura ilia
拟斑脉蛱蝶(越冬幼虫)
Hestina persimilis
迷蛱蝶(越冬幼虫)
Mimathyma chevana
银白蛱蝶(越冬幼虫)
Helcyra subalba

候鸟大部队

东亚—澳大利亚鸟类迁徙路线是全球所有鸟类迁徙路线中数量最多、最拥挤的一条，而南京就是这条路线上的一个重要节点。

东方白鹳

Ciconia boyciana

被誉为“鸟中国宝”，性格宁静而机警，飞行或步行时举止缓慢，休息时常单足站立。

随着生态环境的逐年提升，南京成为许多候鸟的“越冬必选地”，石臼湖更是成为候鸟迁徙落脚的大乐园。有的在这里度个假继续向南飞，有的则喜欢上了南京的山山水水，留在这儿不走了。一起跟着阿槑和风车娃，去看看那些飞来南京的候鸟吧！

白琵鹭
Platalea leucorodia

鸿雁
Anser cygnoid

普通鸬鹚
Phalacrocorax carbo

绿头鸭
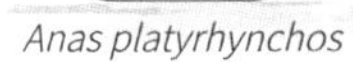
Anas platyrhynchos

斑嘴鸭
Anas zonorhyncha

紫金山里的点点萤火

流光飞舞的萤火虫

炙热的太阳刚刚落山，阿槑和风车娃就来到紫金山灵谷寺前打卡，希望能欣赏到夏夜里的小网红——萤火虫。

闪烁如星的萤火虫喜欢植被茂盛、水质干净、空气清新的自然环境，强烈的灯光可能都会让萤火虫消失得无影无踪。因此，紫金山成了萤火虫们喜爱的栖息地之一。

随着夜色渐深，那一点点忽明忽暗的流光便开始了仲夏夜的狂欢。

萤火虫为什么会发光？

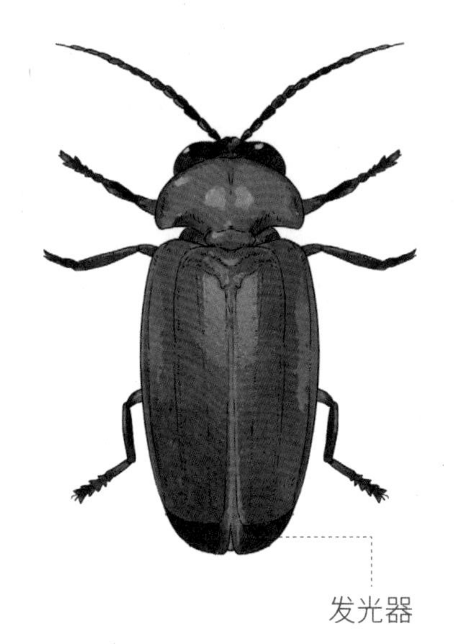

萤火虫的发光器由浅入深依次为：
透明的表皮→反射层→发光层

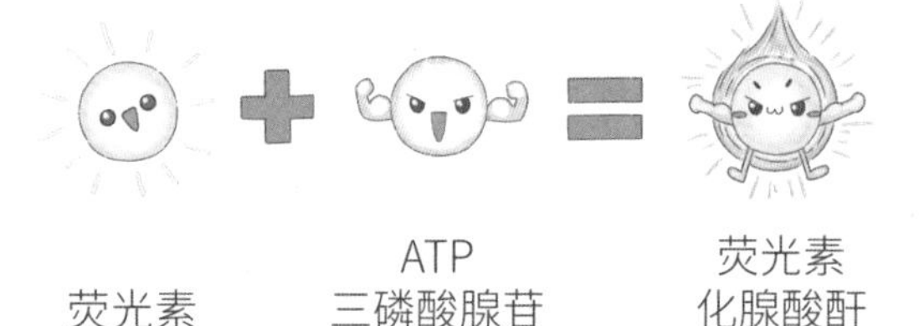

这是阿槑小时候一直困惑的问题，也困扰了科学家们很多年。其实萤火虫是利用体内的荧光素酶（luciferase,一种蛋白质）、荧光素（luciferin，一种复杂的大分子化合物）、三磷酸腺苷（ATP，生物能）、氧（O^2）和镁离子进行生物化学反应而发光。

所有种类的萤火虫，其荧光素结构都相同，荧光素酶的结构虽相似，但略有差异。

小贴士

萤火虫发光的目的：
求偶、警戒、防御。

萤火虫的菜单

1、幼虫食谱

食物种类：蜗牛、螺类、蛞蝓、蚯蚓。

食用方法：幼虫将肠液通过上颚的管道注入猎物体内，这种肠液起到麻痹和分解的作用，再将猎物喝进体内。

蜗牛

螺类

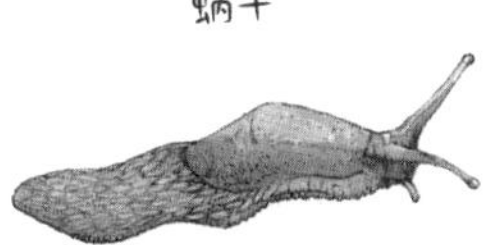

蛞蝓

蚯蚓

2、成虫食谱

食物种类：露水、花蜜。

食用方法：张开嘴大口吮吸。

露水

花蜜

保护萤火虫小贴士

①不用化学药剂除草，减少农药使用。

②不要捕捉，买卖萤火虫。

③不随意改变萤火虫栖息地环境。

④控制光污染，在萤火虫的栖息地附近，减少路灯、车灯等光源，以免对萤火虫的繁殖造成致命的影响。

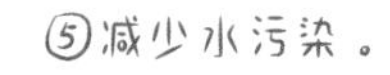

⑤减少水污染。

如何制作红光手电筒

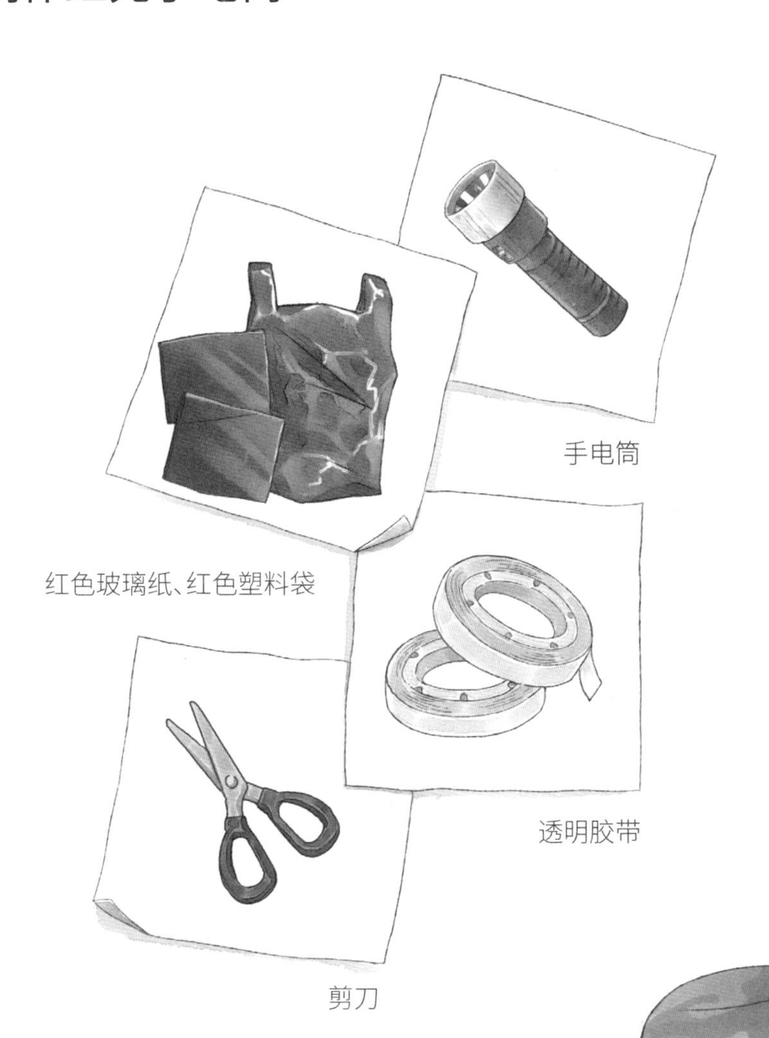

手电筒

红色玻璃纸、红色塑料袋

透明胶带

剪刀

夜晚观赏萤火虫时，不宜使用手电筒、手机闪光灯、汽车车灯等。若的确需要光照，可以自制红光手电筒，红色光源对萤火虫的复眼不会有太大刺激。

老山上的彩蝶

翩翩起舞的“云彩”

老山的森林里住着许多彩蝶仙子。一个春日的午后，冰清绢蝶扇动着透明的翅膀，缓缓飞翔在林间的野芝麻丛中，优雅而从容，如同一朵朵随风起伏的雪白梨花。它们美丽的身姿牢牢抓住了阿槑和风车娃的目光。

不起眼的小点点

冰清绢蝶一生中，有 280 天左右的时间，都是不起眼的小点点（卵）。等春天来临，冰清绢蝶幼虫会从卵中破壳而出，努力地大吃大喝，长大成蛹，再过十几天，一只洁白透明如绢的蝴蝶才能惊艳亮相。

冰清绢蝶雌蝶一生只交配一次，交配后雌蝶身体便会分泌一种胶质臀片，把自己的尾部封闭起来，再也不会接受任何雄性绢蝶的“甜言蜜语”了。

胆小鬼的逃生术

冰清绢蝶的幼虫对光照和响声特别敏感，稍闻响动，便会快速掉落到枯叶中“装死”。

重口味的花间精灵

随着天气越来越暖和，山里的蝴蝶渐渐多了起来。五彩缤纷的蝴蝶们在林间穿梭，忙忙碌碌的，或是想邂逅“爱情”，或是在寻找“美食”。

风车娃告诉阿槑，在蝴蝶的食谱中，除了我们熟悉的花蜜，还有树汁、动物腐烂尸体，甚至发酵的粪便！这可打破了阿槑的三观，一定要风车娃带着前去看看。

树汁也可口

这棵构树的树干上开起了树汁餐厅，吸引来了不少“食客”。

尸体也能吃

尸体腐烂会产生尸液，一些蛱蝶与眼蝶就喜欢这一口，会寻味而来，一起“聚餐”。

便便也美味

拟斑脉蛱蝶与黑脉蛱蝶都是著名的另类“食客”。这不走了“狗屎运”，围着一坨发酵的狗屎，大快朵颐，画面真是令人不忍直视……

小贴士

其实，蝴蝶青睐这些意想不到的食物，只是为了获取维持生命活动所必需的矿物质。对蝴蝶来说，钠离子十分重要，但是花蜜中的钠非常有限，蝴蝶只好另辟蹊径，从汗液、眼泪、粪便、尸液等处寻找这一必需品。

我们恋爱吧!

在民间爱情故事《梁祝》里，梁山伯与祝英台最后化成彩蝶，摆脱现实的束缚，双宿双飞的场景让阿槑久久不能忘怀。但与此同时也产生了一个疑问：他们究竟化成什么蝴蝶？

其实对于这个问题，尚没有完全一致的意见。但在南京比较流行的有两种观点：玉带凤蝶和丝带凤蝶。

玉带凤蝶

Papilio polytes

形态特征：雄性全身黑色打底，翅膀下半部分长有一排白色斑点，宛如一条玉带。而雌蝶颜色多彩，拥有多个形态。

习性分布：成虫喜访花吸蜜，幼虫主要取食木兰科及芸香科植物。多在柑橘果园、公园活动。

丝带凤蝶

Sericinus montelus Grey

形态特征：后翅尾突细长，宛若丝带。雌雄异色，雄蝶翅面白色至淡黄色，间杂黑色斑纹，后翅具有明显红斑。雌蝶翅面颜色深，黑黄斑纹交错。

习性分布：幼虫专食马兜铃科植物，成虫 4—9 月份出现，飞行较缓。

蛾类与蝶类的区别?

棒状触角

蛾类和蝶类都属于同宗同源的鳞翅目，阿槑总是傻傻分不清。

风车娃把蝶类和蛾类的区别给阿槑做了全面的科普。

蝶类：大多都是正常作息，早出晚归。
蝶类：体型纤细，翅较宽大。

休息时翅膀合拢

蝶类

多种形状的触角
① 羽状（双栉齿状）触角
② 丝状触角
③ 栉齿状触角
蛾类：大多都是夜猫子，夜晚出动。
蛾类：体躯多粗壮，翅多数较狭窄。
蛾类

休息时翅膀张开

尼采梳灰蝶
Ahlbergia Nicévillei

橙翅襟粉蝶
Anthocharis bambusarum Oberthür

黄尖襟粉蝶
Anthocharis scolymusButler

朴喙蝶
Libythea lepita lepita Moore

黑纹粉蝶
napi melete Ménétriès

斐豹蛱蝶
Argynnis hyperbius

中华虎凤蝶
Luehdorfia chinensis

丝带凤蝶
Sericinus montelus Grey

丫灰蝶
Amblopala avidiena Hewitson

柑橘凤蝶
Papilio xuthus

金凤蝶
Papilio machaon Linnaeus

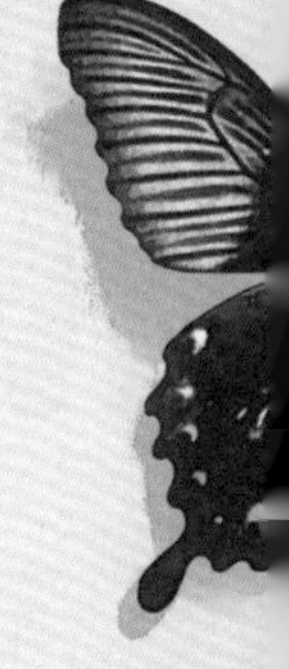

霓纱燕灰蝶
Rapala nissa

曲纹蜘蛱蝶
Araschnia doris Leech

猫蛱蝶
Timelaea maculata

青豹蛱蝶
Damora sagana

拟斑脉蛱蝶
Hestina persimilis

冰清绢蝶
Parnassius glacialis

黑脉蛱蝶
Hestina assimilis (Linnaeus)

灰绒麝凤蝶
Byasa mencius

老山蝴蝶大集合

碧凤蝶
Achillidesbianor Cramer

栖霞山的丹枫档案

一场秋雨一场凉，南京步入深秋后，栖霞山的红叶也进入了“走红模式”。

对于赏枫爱好者阿槑来说，红叶谷可是一个绝佳的去处。站在树下，抬头仰望着那片片绯红，阿槑忍不住拿起相机，记录下栖霞山此刻灿若云霞的“美颜”。

霸屏秋季的枫叶

风车娃，栖霞山红叶就是这种红枫树叶吗？

NO！NO！NO！栖霞山红叶品种可是多达40余种呢！下面是常见的6种哦！

茶条槭 *Acer tataricum* subsp. *ginnala*

枫香树 *Liquidambar formosana*

红枫 *Acer palmatum* 'Atropurpureum'

鸡爪槭 *Acer palmatum*

三角槭（三角枫）*Acer buergerianum*

羽毛槭（羽毛枫）*Acer palmatum* var. *dissectum*

如何制作树叶标本

制作工具

胶水、小刀

剪刀、镊子

标本夹

相框

厚卡纸

制作步骤

① 准备一个标本夹，以促进标本的快速干燥和固有颜色的保存。

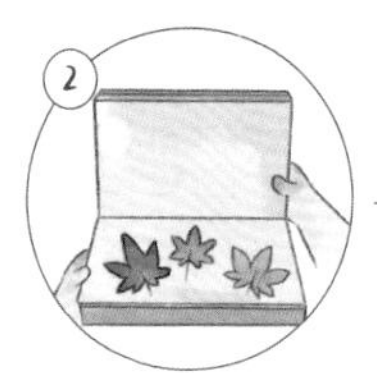

② 把枫叶放在标本夹里压成干树叶（这个过程需要一星期以上，或者直接用厚的书压也可以）。

③ 在枫叶标本压好后，用胶水把它固定在一张厚卡纸上。

④ 然后把它放在相框里，并在右下角贴上标签。

小贴士

不要随意采摘树叶，可以在地上捡起自然脱落的树叶，和风车娃一起爱护我们的花草树木哦~

幕府山里的“小清新”

秤锤树作为中国特有物种，首次发现就是在南京幕府山。虽然以充满乡土气息的“秤锤”命名，但秤锤树的花走的可是小清新风格！它们在盛开时总是害羞地低着头，温润雪白的花瓣，半遮掩着淡黄色的花蕊，就像摇曳在春天的小风铃。

“果”如其名

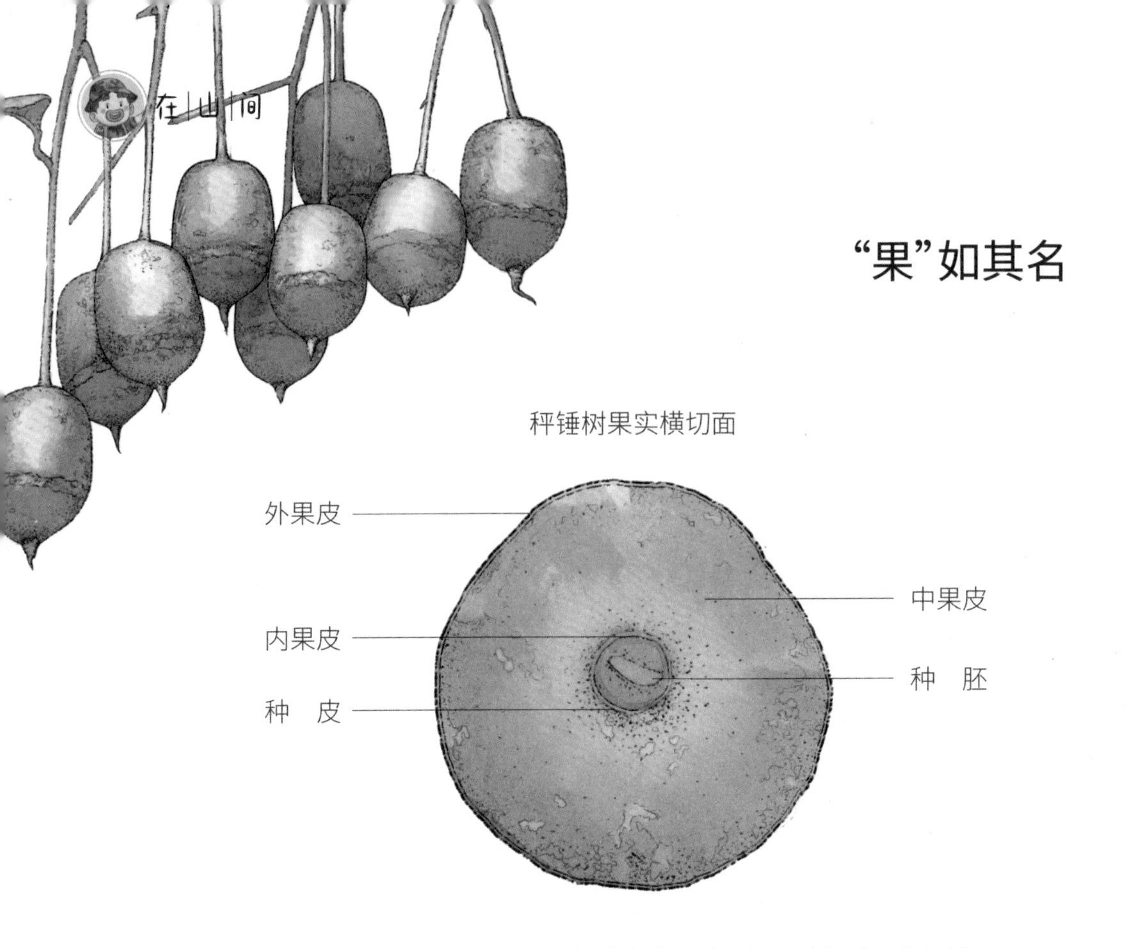

看到秤锤树的果实，阿槑终于恍然大悟它为什么叫作“秤锤树”了，可谓“果”如其名。

从颜色到形状、细节拿捏到位，特别像称重用的秤锤，又有点像个小陀螺。

带一粒种子回家

虽然秤锤树的种子需要在湿润的土壤中深度休眠好几年，才有概率生根发芽。但你可以从地上捡一粒秤锤树的种子回家，放在填满湿润土壤的花盆里，定时浇灌，也许某一天秤锤树芽就会破土而出哦！

狮子山飞来了赤腹鹰

狮子山的树林中飞来了两只赤腹鹰，常在树枝间穿梭，引来不少游客前来观看。赤腹鹰一般栖息于山地森林和林缘地带。能在城市中觅得赤腹鹰那一抹美妙身影，阿槑非常开心。

赤腹鹰
Accipiter soloensis
赤腹鹰是小型猛禽，翅膀尖而长，因外形像鸽子，所以也叫鸽子鹰。

赤腹鹰宝宝观察日记

赤腹鹰宝宝是如何长大的呢？快跟着风车娃和阿槑的观察日记来看看吧！

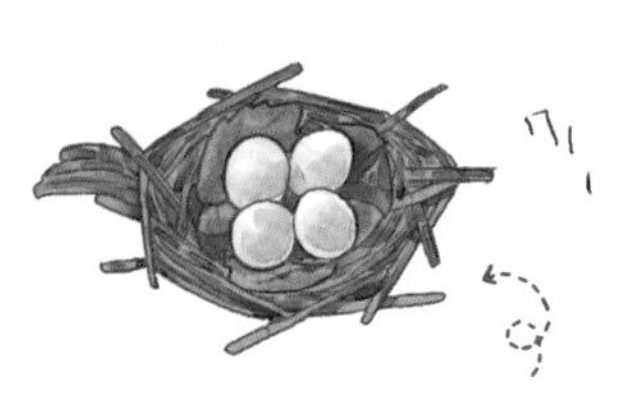

① 赤腹鹰妈妈产下4枚卵，卵为淡青白色，具有不明显的褐色斑点。

② 鹰妈妈的孵化期在28天左右，在孵化期间，每天都要增加新鲜绿叶作为鸟巢的铺垫物。

③ 鹰爸爸为了护巢，会变得特别凶悍，即便是偶然从巢区附近经过，它也会鸣叫着俯冲而下，将其驱离而后快。

④ 鹰宝宝出生后，鹰爸爸负责捕猎，鹰妈妈负责喂食，分工明确。

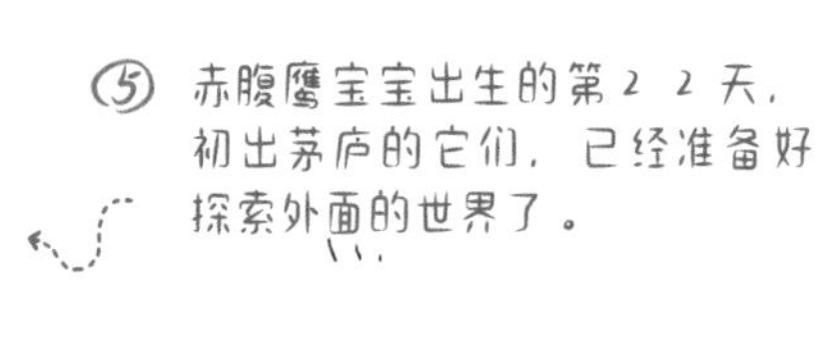

⑤ 赤腹鹰宝宝出生的第22天，初出茅庐的它们，已经准备好探索外面的世界了。

如此拍鸟

风车娃瞥见有位摄影爱好者在不远处架好了器材，并从笼子里拿出一只仓鼠，把它悬挂在专门搭建的拍鸟支架上，用来吸引赤腹鹰。风车娃和阿槑及时上前制止了这种诱鸟行为。

风车娃提醒大家，像赤腹鹰这些猛禽习惯被投喂后，不仅会降低它们的捕食能力，还可能会被心怀不善的人猎捕。如果想去观察野生动物一定要抱有不打扰它们的心态，轻轻架起望远镜，静静地观察。

让我们和野生动物保持适当的距离，和它们和谐共处吧!

在水边

南京，是一座与江共生的城市。夏日炎炎来临之际，阿槑一家总喜欢到长江边的中山码头，或者长江大桥上纳凉消暑。作为生命之源的长江，这里生活着 4300 多种水生生物，为了保护它们的家园，南京自 2020 年开始全面实施十年禁渔，真正地实现“一江清水、两岸葱茏”。

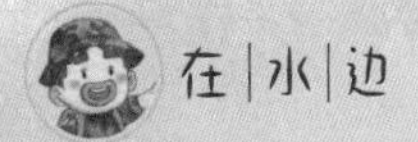

长江里的原住民

鲢（100厘米）
Hypophthalmichthys molitrix
草鱼（120厘米）
Ctenopharyngodon idella
鳙（160厘米）
Aristichthys nobilis
青鱼（170厘米）
Mylopharyngodon piceus

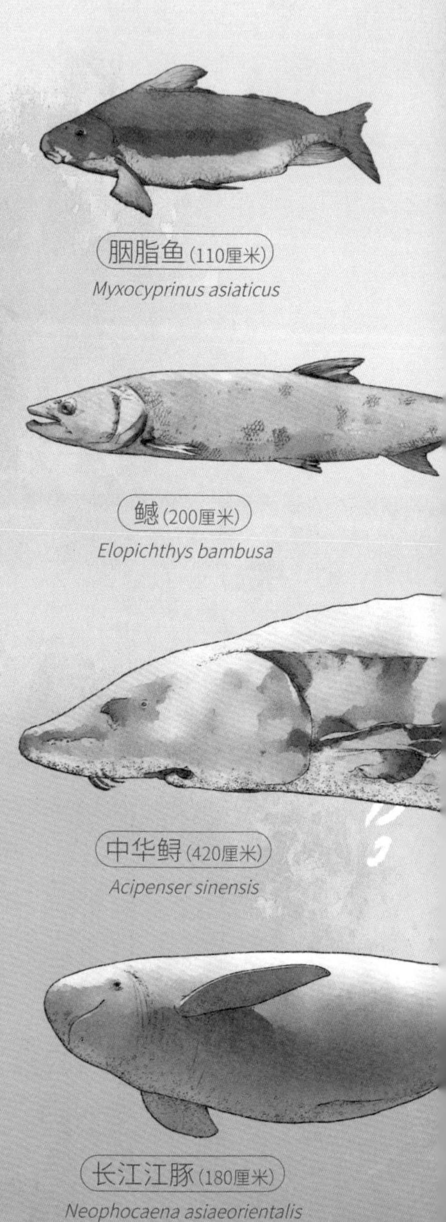
胭脂鱼（110厘米）
Myxocyprinus asiaticus
鳡（200厘米）
Elopichthys bambusa
中华鲟（420厘米）
Acipenser sinensis
长江江豚（180厘米）
Neophocaena asiaeorientalis

长江之水，自世界屋脊奔腾而来，在大江入海的最后阶段，似乎对南京有着特殊的偏爱。风车娃骄傲地表示，长江在南京水域孕育了 2 种水生哺乳动物，近 120 种淡水鱼类，10 余种两栖动物和各色各样的无脊椎动物。

禁渔！为了那些濒危的小伙伴！

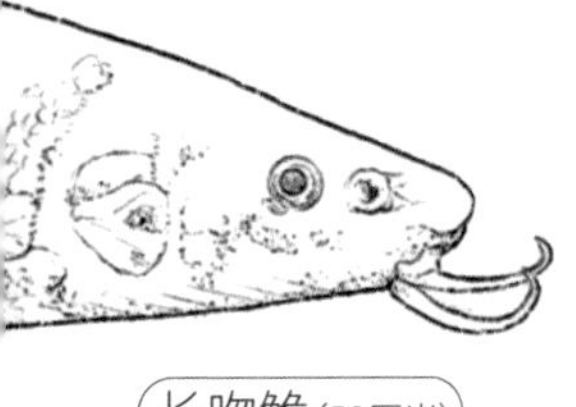
长吻鮠(50厘米)

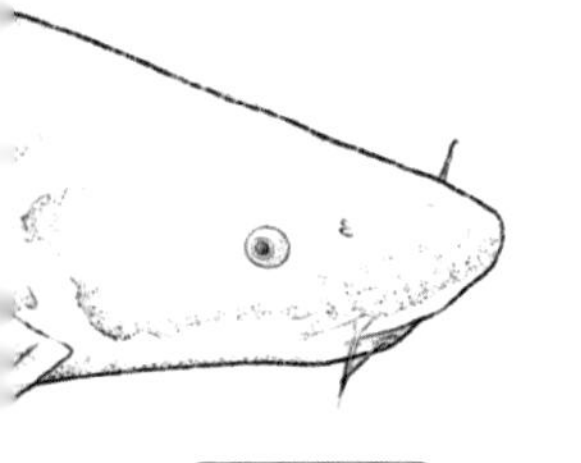
铜鱼(30厘米)

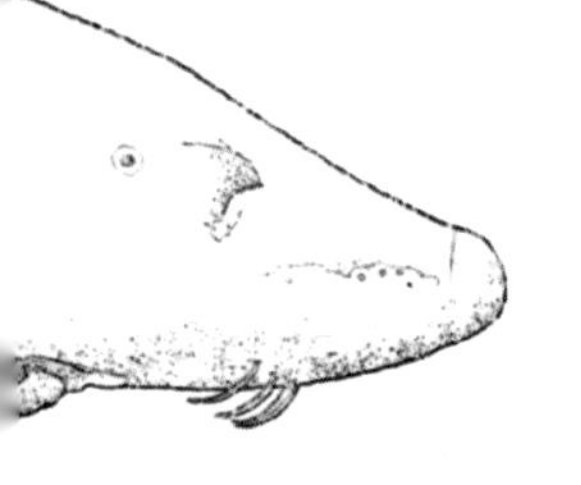
中华鲟(420厘米)

胭脂鱼(110厘米)

在人类活动的影响下，许多淡水鱼类已经灭绝或是在灭绝边缘。曾经的“长江女神”白鱀豚，消失在了它生存2000多万年的长江，被宣布功能性灭绝。长江淡水鱼之王白鲟，也在2019年被宣布灭绝，成为只能出现在书中的文字。

为了不让悲剧重演，长江十年禁渔计划正式实施，中华鲟、长江江豚、胭脂鱼等濒临灭绝的水生生物将得到保护，阿槑和风车娃愿未来这里能够成为水生生物们繁衍的天堂。

长吻鮠

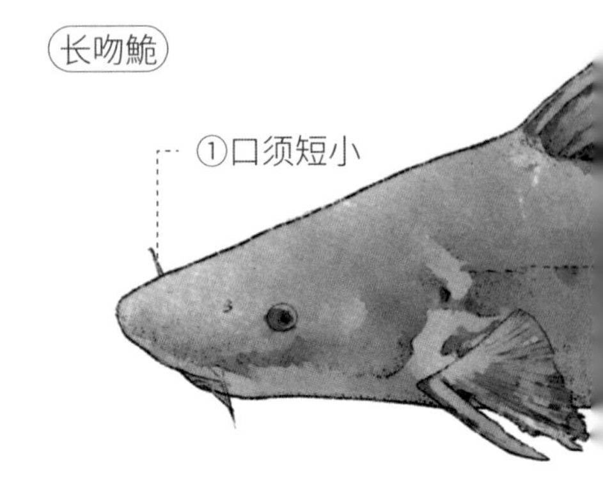

斑点叉尾鮰

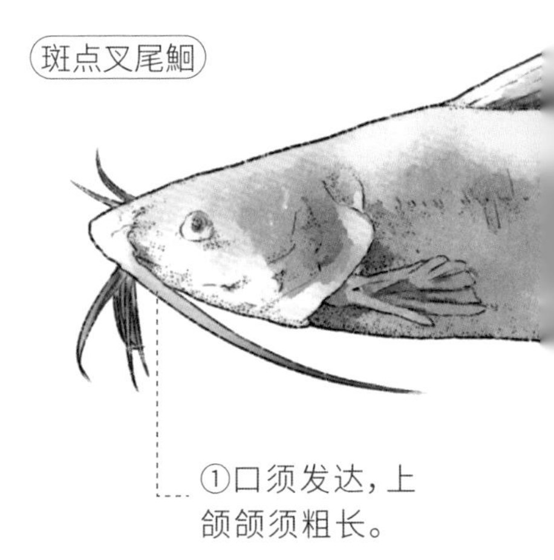

真假长吻鮠

长吻鮠是我国特有的淡水生物，也是江苏省重点水生保护动物，风车娃特别提醒，有一种外来生物与长吻鮠酷似，名叫斑点叉尾鮰。因为相似的外表，而且市场上比较常见，让它经常被错误放生。

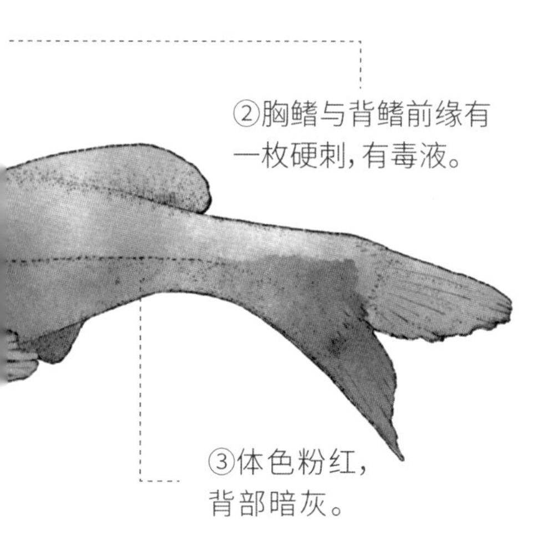

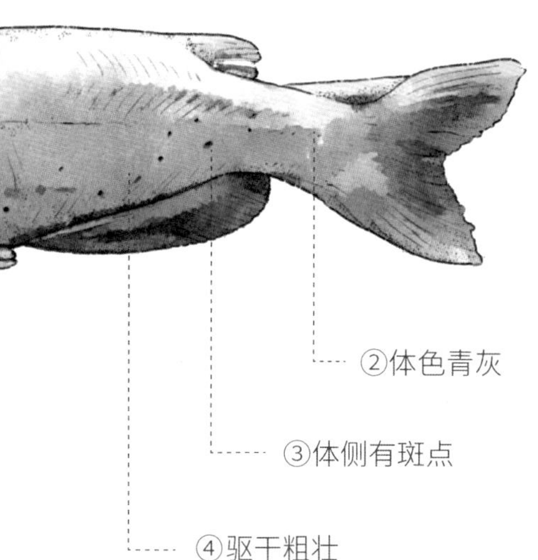

女大十八变

我是一只胭脂鱼，小时候的我和胭脂的颜色，不能说毫无关系，只能说谬以千里，让我一度自我怀疑。

所谓女大十八变，逐渐长大的我，开始变得越来越美丽。灰黑色的衣服褪去，我换上了淡黄色的外衣。

当大家看见粉红色的我，那就说明我即将蜕变成功。

只要大家给我机会，我就会蜕变成真正的美人鱼，如胭脂般的鲜红闪亮，祈福世间一帆风顺。

白鲟与中华鲟

每次提到白鲟，风车娃都是一声叹息！白鲟作为长江中全长可达 7 米的最大水生生物，生活了 1 亿多年，最终也逃不过灭绝的结局。所以，风车娃一直努力宣传长江大保护，希望它的亲戚中华鲟能够战胜危机。

白鲟灭绝后，中华鲟继承了它长江“大高个”的地位，虽然还是有一定的差距。

中华鲟洄游路线图

每年 7—8 月，成年中华鲟就会由海洋进入长江，然后在长江里逗留一年，直到第二年的 10 月到达产卵场产卵，如此循环往复，千年未变的规律。但却因为水电站的建设以及人类活动，而中断了中华鲟的这一自然繁衍过程。

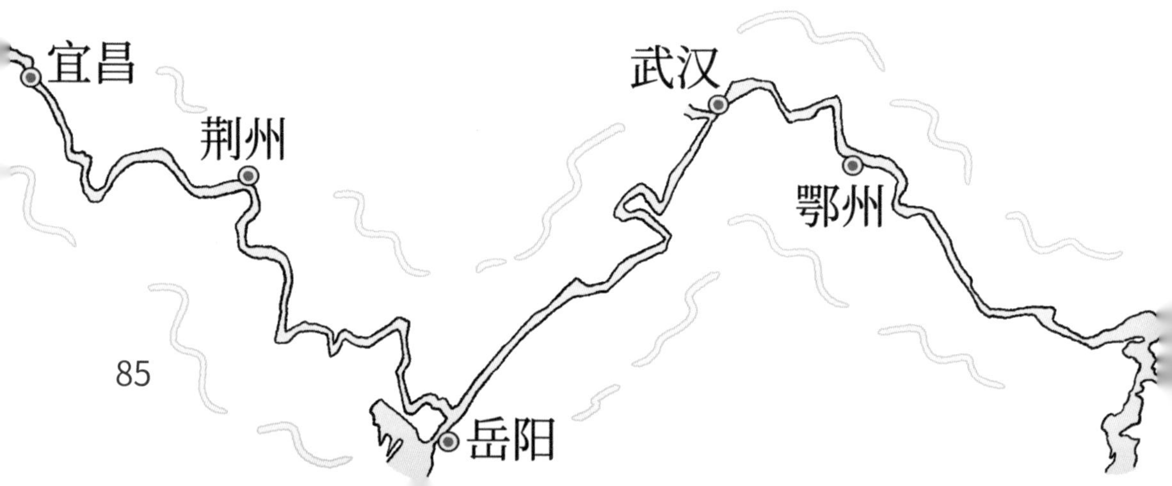

神奇的小调查

雌中华鲟的怀卵量为30~130万粒，为漂流性卵，受精卵顺流而下，其中有90%以上会被铜鱼、黄颡鱼等鱼类吃掉。中华鲟产卵调查就是通过解剖产卵场下游的野生铜鱼进行。

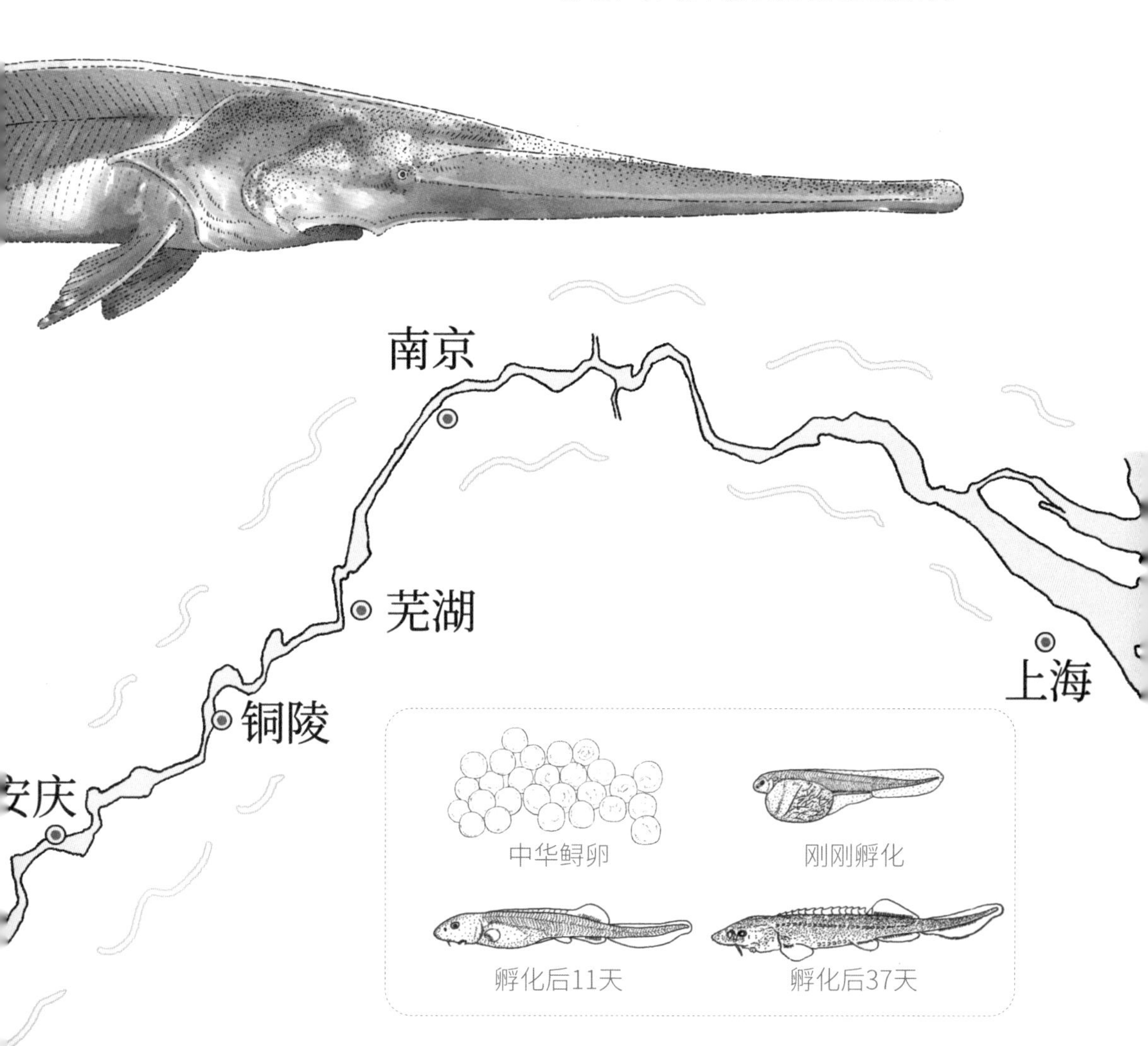

嗨，长江江豚！

“哇，是长江江豚！”

小时候，阿槑常常听江边的老人提起“江猪”这个名字，很是好奇，但从来没见过。近年来，随着长江大保护的不断深入推进，“江豚逐浪”的场景不断上演，阿槑常常能在江边见到它们的身影。

“江猪”就是长江江豚的昵称，长江江豚的口裂较宽，口角上扬，看起来像在保持微笑，人们也喜欢叫它“微笑天使”。它们是中国特有物种，国家一级保护动物。2018年，《自然·通讯》发表一则研究成果：通过大样本全基因组测序，发现长江江豚是独立于海江豚的物种，而长江江豚也是继白鱀豚功能灭绝后，长江里目前仅存的鲸类动物。

长江江豚是母系社会，祖母在族群中充当着首领的角色，母亲则充当着养育者的角色。刚出生的长江江豚体型跟一个婴儿差不多大，大多由母亲和母亲的姐妹，一起抚养长大。

而雄性长江江豚活动则相对随意，没了养娃的压力，时不时会离开大部队，单独出去冒险。

小贴士

风车娃：长江江豚喜欢合作捕食，还会调皮地将鱼抛向空中玩耍一会儿后再享用哦。

不要让这微笑只存于照片!!!

威胁

①水利设施阻断了江河湖泊的连通，影响鱼类洄游繁殖。

②航运对豚类声呐造成干扰，使其时常与船只碰撞。

③河漫滩和自然岸线的开发或硬化，导致豚类栖息地和食物来源丧失。

④渔业对豚类食物的过度捕捞或误捕。

⑤长江水质被污染。

保护

①成立豚类自然保护区和长江豚水生生物保护协会。

②在重点水域设立岸线固定监测点和水上智能监测系统，实时监拉。

③实施生态修复工程。

④建设长江江豚教育基地。

⑤达成“保护长江江豚”的全民共识，从小事做起，从你我做起。

长江江豚的回声定位

长江江豚能在浑浊的长江水中交流、捕猎、躲避障碍物，依靠的就是独特而复杂的声学系统。它能够产生和接收具有回声定位功能的高频窄带信号。这个功能让阿槑想起了蝙蝠，长江江豚130kHz的信号频率，让它与蝙蝠一样，能发出超过人类听力范围的“叫声”。

但雷达的出现，却让长江江豚陷入危机。两者相似的频率会让长江江豚误以为船只雷达发出的信号是同伴在召唤，因此才会发生长江江豚撞击船只，或卷入螺旋桨的惨烈事故。

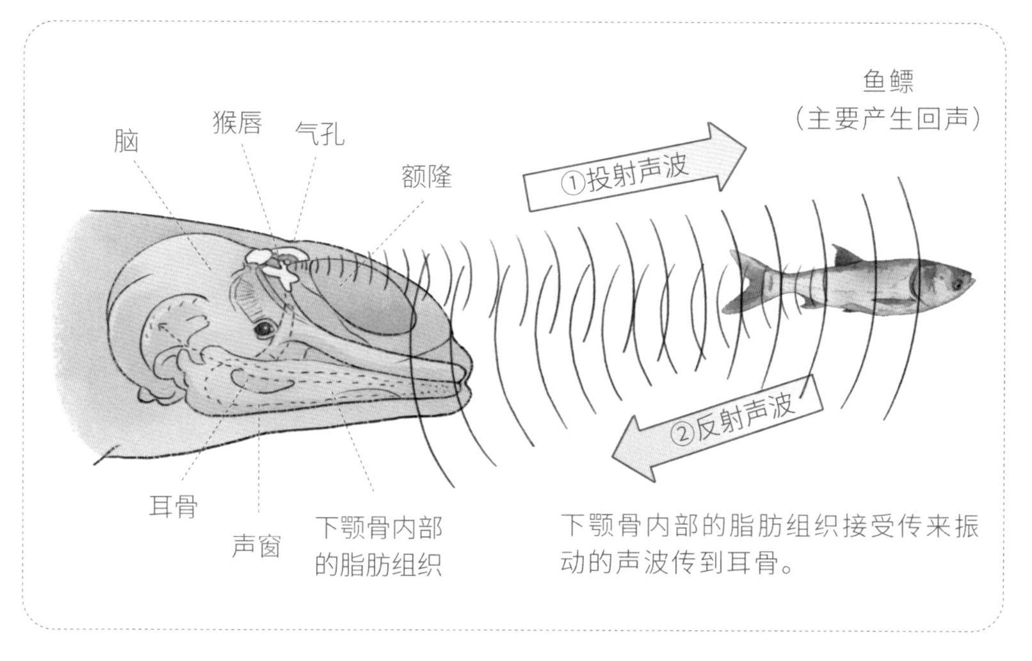

看长江江豚，来这里！

在南京，城市中心江段有长江江豚稳定栖息，约有 60 头。风车娃很是骄傲，十年禁渔等长江大保护系列举措，让观赏长江江豚成为南京人的新时尚。

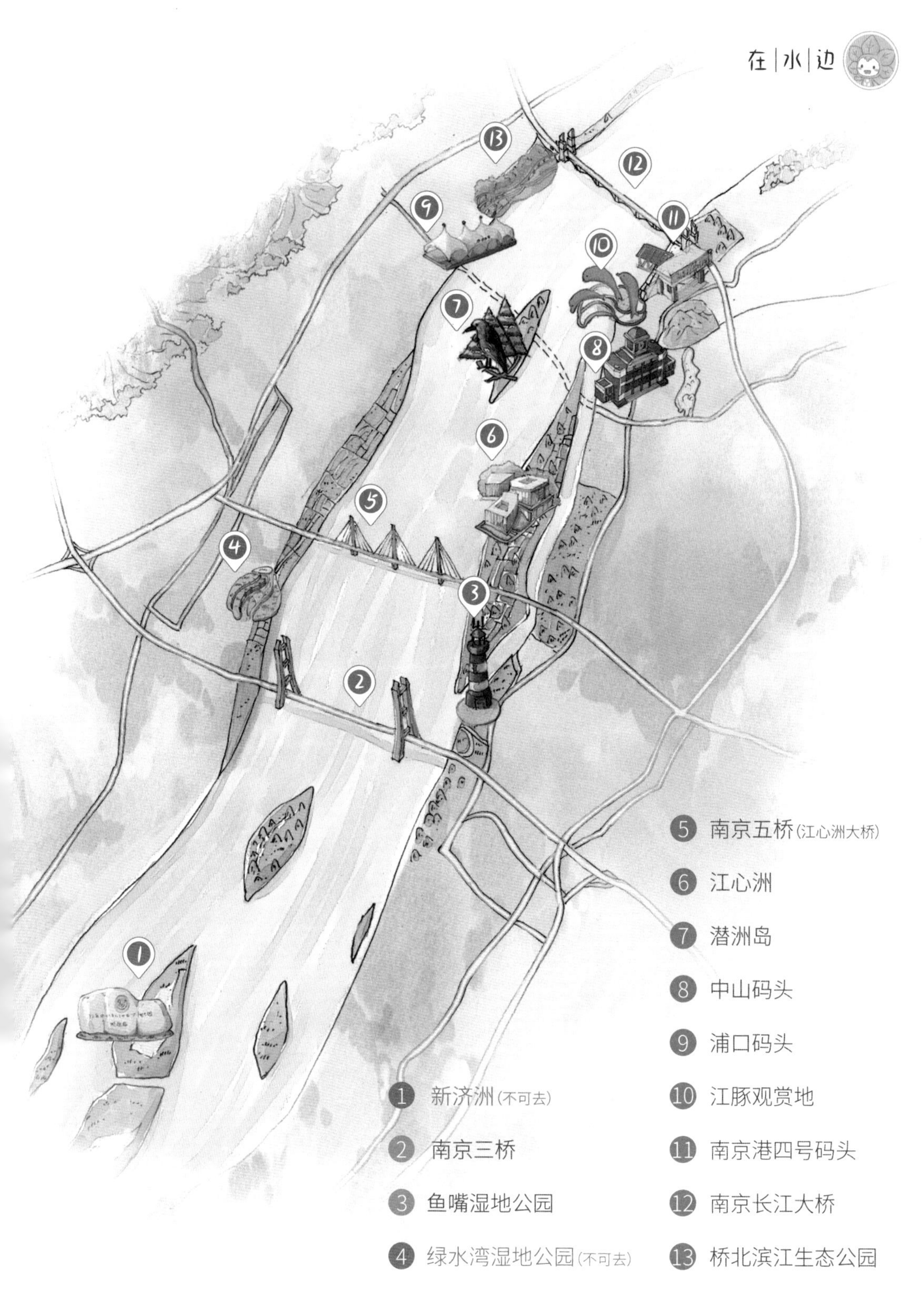
1 新济洲(不可去)
2 南京三桥
3 鱼嘴湿地公园
4 绿水湾湿地公园(不可去)
5 南京五桥(江心洲大桥)
6 江心洲
7 潜洲岛
8 中山码头
9 浦口码头
10 江豚观赏地
11 南京港四号码头
12 南京长江大桥
13 桥北滨江生态公园

秦淮河里的新朋友

古时的秦淮河，是南京城的护城河，亦是南京人的母亲河。人们在这里洗衣淘米，充满着生活的气息。随着现代社会的发展，秦淮河一度成了“脏、乱、臭”的代表，工厂与生活的污水肆无忌惮排进河内，一直生活在老城南的阿槑更是对秦淮河的“臭”深有感触。

2002 年，秦淮河环境综合治理终于启动，经过多方努力，曾经闻者摇头的秦淮河变成了旅行胜地，画舫摇曳，灯火璀璨，成为南京走向世界文化名城的一张名片。水面上的鱼儿游来游去，吸引了成群的鹭鸟来此觅食栖息。

大白鹭捕鱼法

飞行寻觅

锁定跟踪

扎水捕猎

草鱼（120厘米）
Ctenopharyngodon idella

鲇（50厘米）
Silurus asotus

得胜归来
鲤（70厘米）
Cyprinus carpio
鲫（30厘米）
Carassius auratus
黄尾鲴（20厘米）
Xenocypris davidi

整齐列队的夜鹭

每当夜幕降临，秦淮河两岸就会出现一抹神奇的景象。头后有一缕白色小辫儿的鸟儿在岸上站成一排，每隔几米一只，整整齐齐，一动不动，紧盯水面，像是个玩具假鸟。当然，这不是假鸟，是货真价实的国家三有保护动物——夜鹭。

夜鹭是一种很聪明的鸟类，会用鱼饵钓鱼。捕鱼时，夜鹭会先把野果扔在水里，然后在岸上等待，一旦发现猎物，它就会迅速地冲入水中，饱餐一顿。

鹭的证件照

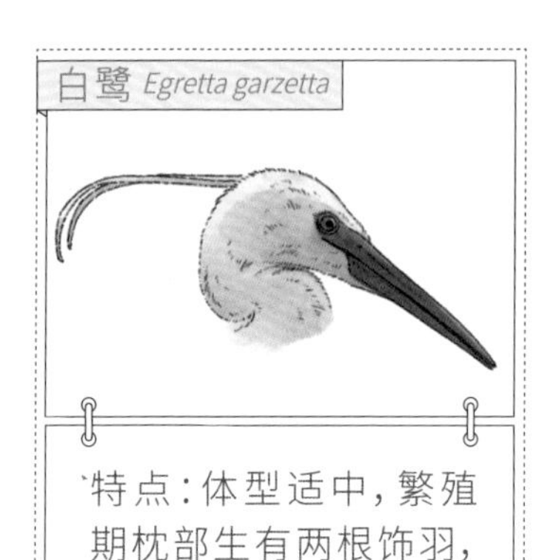

白鹭 *Egretta garzetta*

特点：体型适中，繁殖期枕部生有两根饰羽，趾为绿黄色。

夜鹭 *Nycticorax nycticorax*

特点：体型较粗胖，颈较短，脚和趾黄色，头顶至背黑绿色，枕部有2—3根白色饰羽。

苍鹭 *Ardea cinerea*

特点：身披灰色羽毛，枕部有灰黑色饰羽，翅展可达90厘米。

牛背鹭 *Bubulcus ibis*

特点：体型较肥胖，一头“黄发”，是它的繁殖羽，到了冬天，羽毛会变成白色，它生性活跃而温驯。

池鹭 *Ardeola bacchus*

特点：繁殖季时头部羽毛会变成时尚栗红色，腿及脚绿灰色。

会变色的嘴

大白鹭的嘴可以随着一年四季变色。在国内春夏繁殖季，它的嘴为纯黑色，而到秋冬季节，则全部变为黄色。

金川河成了斑鱼狗乐园

“南有秦淮，北有金川”。金川河是南京主城秦淮河之外的第二大水系，斜穿南京主城区北部。金川河曾是有名的臭水河，如今变成了一条“绿丝带”，滋养着一些难得一见的鸟儿。其中，斑鱼狗以高超的捕鱼技术闻名，能够在空中悬停飞行，也是唯一常盘横水面寻食的翠鸟。

雌斑鱼狗vs雄斑鱼狗vs冠鱼狗

斑鱼狗

冠鱼狗

斑鱼狗雄鸟有两条黑色胸带，前面一条较宽，后面一条较窄，雌鸟仅一条胸带。虽然斑鱼狗与冠鱼狗外形相似，但冠鱼狗会怒发冲冠。

异色灰蜻

Orthetrum melania

特征：雄虫胸部深褐色，具灰色粉末，呈现灰色。

体型：腹部长 34 毫米 ~35 毫米，后翅长 40 毫米 ~44 毫米。

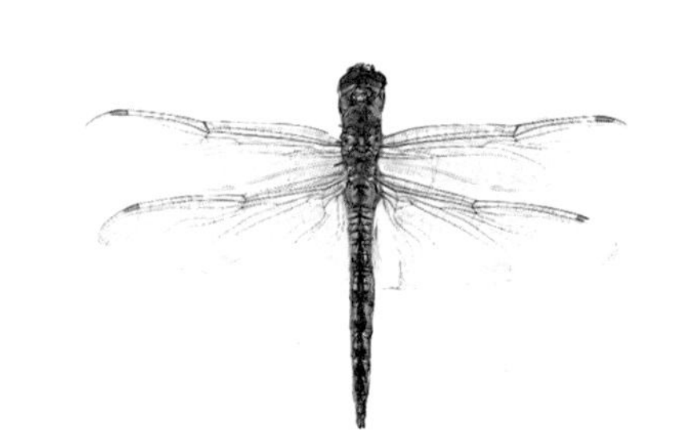

黄蜻

Pantala flavescens Fabricius

特征：雄性脸为橄榄色，眼睛上面褐色，下面蓝灰色。

体型：雄腹部长 20 毫米，后翅长 24 毫米。

大团扇春蜓

Sinictinogomphus clavatus

特征：头顶黑色，后头及后头后方黄绿色，具绿色条纹。

体型：腹长 52 毫米，后翅长 41 毫米。

玄武湖的精灵们

“小荷才露尖尖角，早有蜻蜓立上头”，这就是玄武湖夏天的绮丽景象。阿槑和风车娃最爱的夏日计划，就是玄武湖泛舟，在丛丛荷花和徐风中穿梭。

经过精心的治理与维护，玄武湖莲叶漫天，在夏日迎来了蜻蜓家族的大驾光临。

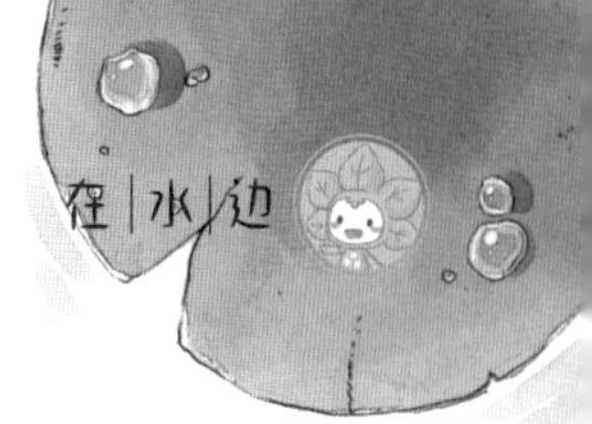

(黑丽翅蜻)

Rhyothemis fuliginosa

特征：身体有绿紫色金属光泽，雌性色彩同雄性，但后翅末端通常透明。

体型：腹部长 21 毫米 ~23 毫米，后翅长 34 毫米 ~35 毫米。

(蓝额疏脉蜻)

Brachydiplax flavovittata (Ris)

特征：雄虫胸部侧视有两条宽大的黑色斑纹，腹部第 2—4 节侧板具黄斑，末端黑色。

体型：腹部长 24 毫米 ~27 毫米。

(碧伟蜓)

Anax parthenope

特征：雄虫合胸黄绿色，第 2、3 腹节天蓝色，其余各节褐色。

体型：腹长 53 毫米 ~55 毫米，后翅 52 毫米。

(红蜻)

Crocothemis servilia

特征：雄性下唇褐色，上唇红色。雌性皆为黄色。

体型：体长 35 毫米 ~30 毫米，翅展 70 毫米。

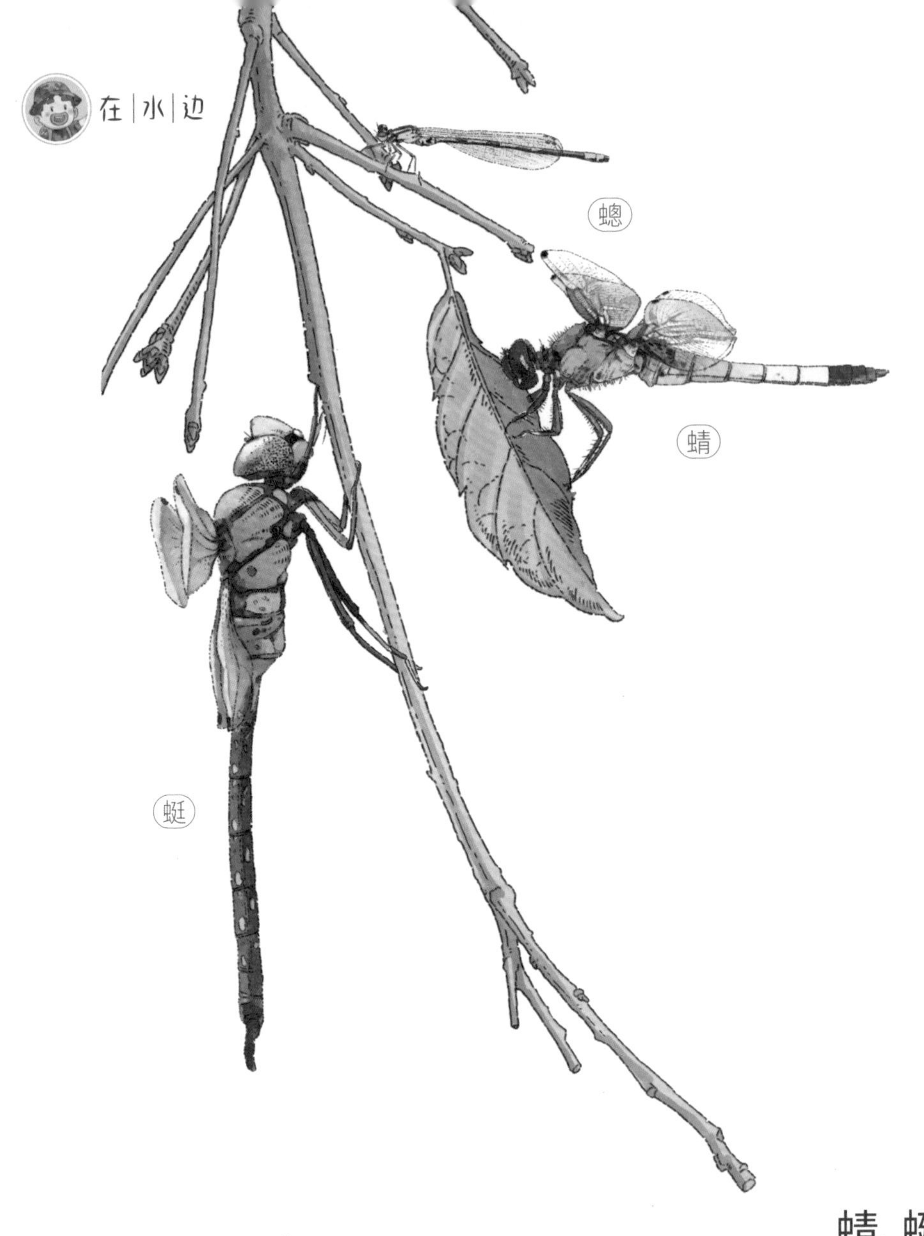

蜻、蜓与螅

蜻、蜓、螅其实是分属不同子目，螅体型最纤巧，停留时翅膀会折叠，而蜻、蜓无法做出这样的动作，这是三者最大区别。蜻体型中等，但肚子较大，而蜓体型最大，但身体纤瘦，是个苗条的昆虫。

蜻蜓的一生

蜻蜓的一生可分为卵、幼虫、成虫三个阶段。雌蜻蜓把卵产在水里，这个行为被称为“蜻蜓点水”。卵会在水里孵化，幼虫也生长在水里。蜻蜓的幼虫名叫“水蛋”，它还没有翅膀，只能在水里用下唇去捕食一些蜉蝣或孑蚊子的幼虫。等到水蛋长成了成虫，它就会从水中爬出来，经过7—15次蜕皮之后才能变成蜻蜓！

小贴士

蜻蜓与飞机

飞机，是常见的交通工具，但在刚发明初期，机翼会因为有害振动而导致折断，直到飞翔的蜻蜓使科学家眼前一亮。蜻蜓之所以飞得平稳是因为其膜质前翅端部前缘有一块黑痣，称为翅痣。科学家模仿翅痣在机翼端部前缘处加厚重量，终于克服了颤振，从此人们可以安稳地坐在飞机里了。

莫愁湖“变清术”

漫步于莫愁湖湖边，阿槑发现莫愁湖居然清澈见底，暗绿色的水草跟随湖水轻轻舞动，几条小鱼灵活地穿梭在水草中好不快活！

莫愁湖的蓝藻危机是怎么解决的呢？带着疑问，阿槑找到了风车娃。

原来让莫愁湖重回巅峰颜值可不是一件容易的事，其中最重要的就是恢复水生态系统的完整性。

从基底修复到生境营造再到植被修复，每一步都不能少。只有帮小鱼小虾把水中的“房子”盖好了，他们才能在这安家落户，莫愁湖的生态问题才能彻底解决。

苦草
金鱼藻
轮叶黑藻
穗状狐尾藻
莫愁湖的湖水好清澈啊！
这可不是一件容易的事情哦！

水上田径选手 小鷿鷉

湖水变清澈后，超级潜水员小鷿鷉（pì tī）也终于回归。作为能潜水35 秒 ~45 秒的潜水健将，却因为沉入水中时，仅留嘴和眼在水面，其状似鳖，被人戏称“王八鸭子”。

当然，因为其特殊的瓣蹼足，小鷿鷉还被形容为会“水上漂”的轻功鸟，它能在水面狂奔 1 秒，踩水 8 次，时速可达 40 千米，但在陆地上，它们就慢成蜗牛了。

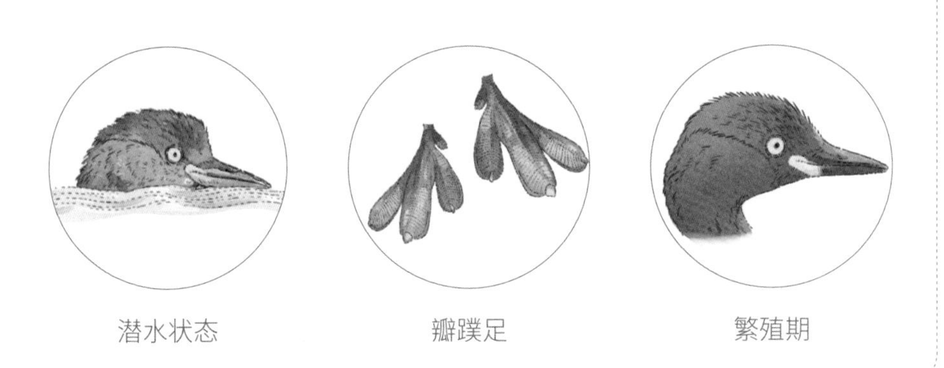

潜水状态　　瓣蹼足　　繁殖期

不一样的浮巢

小䴙䴘筑巢时会把挺出水面的芦苇或其他挺水植物弯折过来，几根搭在一起，再衔来一些树枝树叶，之后会潜入水中，将一些腐烂的树叶淤泥搭建巢穴上。浮巢完成后，雌性小䴙䴘会在上面产 3—5 枚卵。经过 20 天左右的孵化期，我们就可以看到小䴙䴘的宝宝啦！

映山湖上的情景剧

初冬的映山湖迎来了上百只身着华服、风度翩翩的野鸳鸯栖息。它们在水面上或嬉戏追逐，或仰头鸣叫，或四处觅食，别有一番趣味。

小贴士

①雄为鸳，雌为鸯。
②非一夫一妻制。

雄鸳求偶记

第一步：青涩“相亲”会。

相亲现场，雄性会率先展示自我魅力，展开整个冠羽，鼓起颈部的羽毛，竖起帆羽，并进行鸣叫。

第二步：对面的女孩看过来。

当有雌性给予肯定的眼神后，雄性会围绕雌性游动，数圈后一同游弋，标志着初步确定情侣关系，表白成功！

第三步：跟我走吧，天亮就出发。

凌晨时分，确定关系的鸳鸯们会来到宽阔僻静的水域，生儿育女，繁衍后代。

雄鸳的婚前婚后

雄性鸳鸯的羽毛在求偶期非常美丽以吸引雌性。但繁殖期过后，为了很好地躲避天敌，它们会换成浅褐色的蚀羽，主翼上的羽毛也自动脱落。

水质检测师齿蛉

在映山湖五彩斑斓的水下世界，孕育着多样的水生昆虫。其中长得像蜈蚣的齿蛉幼虫正潜伏于水岸边乱石堆下的缝隙间，等着鱼苗和小虾上钩。

齿蛉(幼虫)
Corydalidae Leach, 1815

齿蛉有一个称号，叫“水质指标昆虫”，因为齿蛉对水质非常挑剔，如果生存环境的水质不干净，就会立刻迁移，而映山湖恰巧就满足了它的小“洁癖”。也正是因为特殊的生存要求，齿蛉种群的现状不容乐观。

齿蛉(成虫)
Corydalidae Leach, 1815

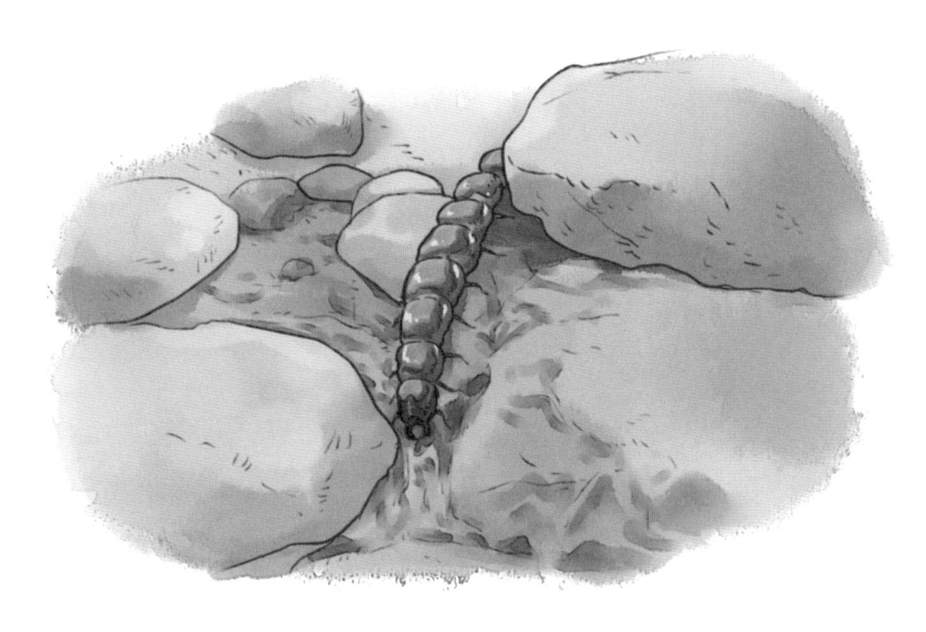

池塘中的住户

香蒲
Typha orientalis
莲
Nelumbo nucifera
金线侧褶蛙
Pelophylax plancyi
菱角
Trapa natans
蝌蚪
Rana limnocharis Boie
水蛭
Whitmania pigra Whitman
鳑鲏鱼
Rhodeinae
苦草
Vallisneria natans
河蚌
Unionidae

相比于大江大河，池塘是个微小的存在，但这也承载着阿槑童年的记忆。池塘虽小，五脏俱全，阿槑的外婆家在乡野，野道、小山坡、小树林里池塘随处可见，阿槑最爱在池塘边观察水里的生物，尤其是夏天会出现小蝌蚪，这是阿槑最兴奋的时刻。风车娃说池塘拥有独特的自然生态价值，也是湿地系统的重要组成部分，虽小可不能忽略。

黑斑侧褶蛙(8厘米)
Pelophylax nigromaculatus
中华蟾蜍(15厘米)
Bufo gargarizans
泽陆蛙(5厘米)
Fejervarya multistriata

听取蛙声一片

经历三次物种大灭绝，在地球上生活了上亿年的蛙蛙们是个神奇的存在。南京作为山水城林的绿色城市，蛙也是品种繁多。包括珍贵的虎纹蛙、镇海林蛙等都在南京繁衍生息。风车娃特别提醒，夏天虽是观测蛙类的最好季节，但只可远观，不可打扰哦！

小蝌蚪成长记

说到蝌蚪怎么变成青蛙，阿呆可是有一肚子的观察日记要分享。每到清明时节，阿呆会捉上一罐子蝌蚪，观察蝌蚪变青蛙的神奇过程。小蝌蚪由受精卵变成，然后依次长出两条后腿和两条前腿，接着变成无尾巴的小青蛙，最后变成成蛙。

小蝌蚪找妈妈

经典动画片《小蝌蚪找妈妈》伴随了无数人度过了童年时光，可是你知道吗？黑灰色小蝌蚪的妈妈并不是青蛙，而是蟾蜍！

蟾蜍蝌蚪：蟾蜍的蝌蚪全身深黑色，尾较短且尾的颜色比身体稍浅，经常成群聚在一起朝一个方向活动。

青蛙蝌蚪：青蛙的蝌蚪呈青灰色，身体略呈圆形，尾巴很长，常常单独分散地在水里活动。

外来水生物
禁止放生图
牛蛙
Rana catesbeiana Shaw
大口黑鲈
Micropterus salmoides
福寿螺
Pomacea canaliculata
清道夫
Hypostomus plecostomus

风车娃在这提醒大家，盲目放生，有可能将好事变成坏事，让放生变成“杀生”。这些被随意放生的动物不光会破坏放生地的生物多样性，危害当地生态系统，甚至影响当地居民的生活。

在城市

作为一座融“山水城林”为一体的城市，南京给野生动物的城市生存创造了先天条件。而随着近年来城市绿地面积的增加，市内湖泊的生态修复，越来越多的野生动物跨过城墙，来到城内寻觅藏身之所。新邻居的到来，让阿槑这样的“老南京人”，也逐渐掌握了一套与野生动物和平共处的本领，一幅人与自然和谐共生的画卷，正向我们徐徐打开。

喜鹊
Pica pica
珠颈斑鸠
Spilopelia chinensis

可爱的邻居们

阿呆生活的小区位于城墙脚下，是老南京风貌保存最好的区域之一，相比周围的高楼大厦，多了几分纯朴与自然。

而生活在这里的不止有人类，还有不少可爱的鸟类邻居，它们自由自在，高声歌唱，在树梢上、屋檐下、花盆里……过着属于它们的小日子。

“鸠”竟有何不同

斑鸠又被叫作“野鸽子”，它们生性大胆，哪怕是在小区居民聚集的小广场上，也能闲庭信步地从阿槑身边走过，这边啄啄，那边看看。风车娃告诉阿槑，实际上常常出现在我们视野中的斑鸠有两个物种——珠颈斑鸠和山斑鸠，那住在阿槑家窗外的是什么斑鸠呢？

不相同

①后颈满布白色点状细小珍珠状斑纹

②停息时，翅膀颜色单纯，不具鱼鳞状斑纹

③飞行时，尾羽尖端两侧羽毛白色

珠颈斑鸠

Streptopelia chinensis

①后颈布有黑白相间的条状斑纹

②停息时，翅膀羽毛，呈现鱼鳞状斑纹

③飞行时，尾羽整圈都为白色

山斑鸠

Streptopelia orientalis

相同

斑鸠是很少会筑巢的，在各种地方凑合凑合住就过去了。比如阿槑家窗外的花盆里，四处漏风的斑鸠巢，让阿槑开窗都变得小心翼翼，生怕不注意就将斑鸠的“小家”给毁了。

鸟类建筑师

小贴士

相比斑鸠的毛坯房，喜鹊的巢可谓是精装修大别墅，作为鸟中的建筑师，建一个完美的巢，是喜鹊一生中最重要的事。它们会寻找一切可以筑巢的材料，花上 4 个月的时间来建筑自己的小巢。

喜鹊的巢从外面看像个茅草屋，但是里面却别有洞天。最外层由枯树枝、铁丝进行固定，中间层有细树条、泥土用来遮风挡雨，内垫是由麻、纤维、哺乳动物的毛发等组成，用来保暖和增加舒适性。

喜鹊
Pica pica

不请自来的老朋友

每年春天，阿呆家的屋檐下，“临时住户”小燕子都会准时回来和阿呆见面，今年也不例外，听妈妈说那是“吉祥好运”的象征，阿呆迫不及待地要和风车娃分享这个好消息。

天然的捕虫网

燕子的嘴，称得起是天然的捕虫网。它又扁又宽，呈三角形，张开以后，就变成平行四边形了。由于嘴张开以后面积很大，所以当燕子在空中疾飞的时候，迎面而来的昆虫，就会大量落入它口中，真可谓“自投罗网”。

燕子的食谱

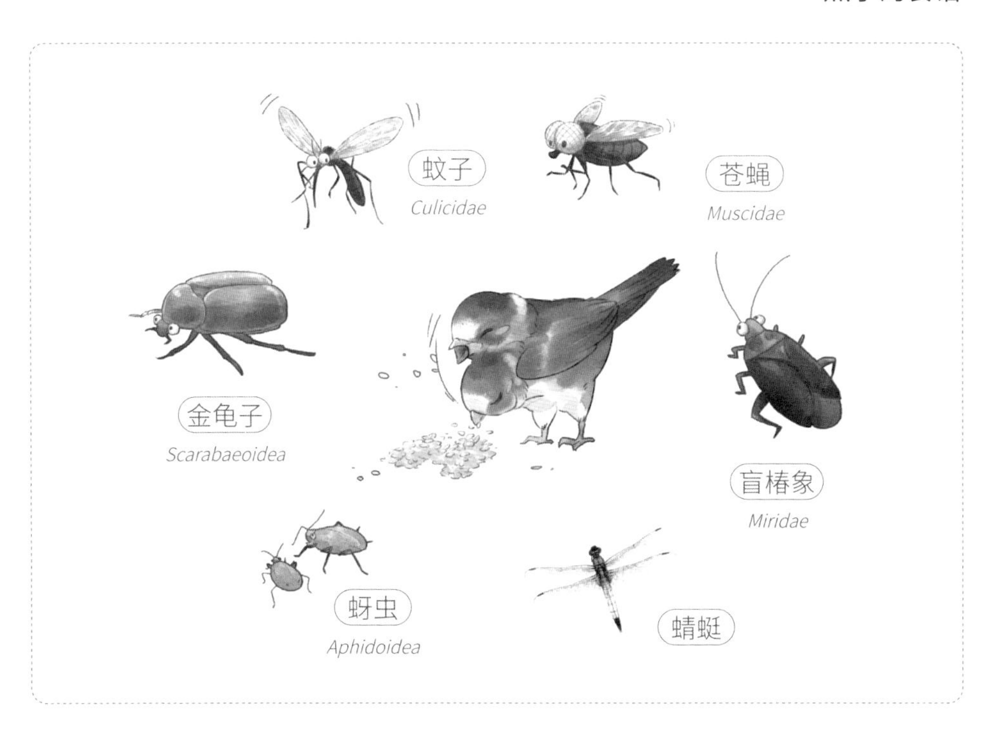

自然博物馆之旅

想要了解最全面的自然知识，南京的自然博物馆可是很好的选择哦～

壹

中华虎凤蝶自然博物馆

位于浦口区老山脚下的水墨大埝景区内，馆内陈列了 5 种虎凤蝶及世界各地蝴蝶标本 380 余种，是中国首家蝴蝶专业博物馆。每年春天可以在这里近距离观赏中华虎凤蝶。

贰

南京紫金山昆虫博物馆

位于紫金山脚下，是一个集昆虫研究、生态展示、科普教育为一体的自然主题博物馆，共有 10 个室内昆虫展区。

叁

南京古生物博物馆

位于玄武区鸡鸣寺景区南侧，以古生物化石为本，以古无脊椎动物、古植物和微体古生物为主，是世界上最大的古生物专业博物馆之一。

肆

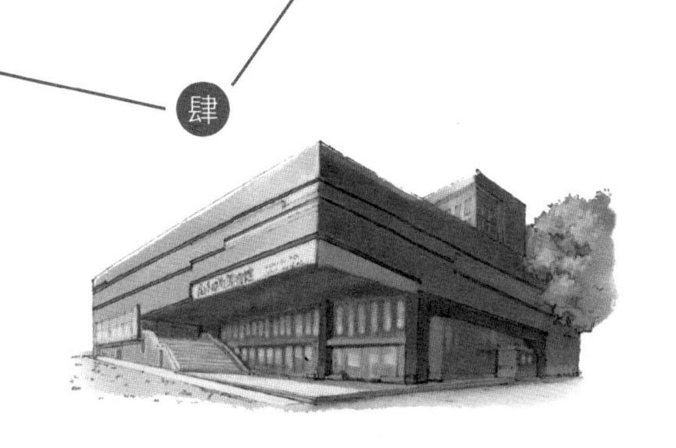

南京地质博物馆

位于玄武区珠江路，是采集、收藏地质标本，研究、宣传地质知识的专业博物馆，也是中国第一个以地质矿产为主要内容的专业博物馆。

伍

南京长江水生生物科普馆

位于鼓楼区江边路 34 号，是全市首个专门以长江水生生物为主题的科普馆。展览馆旁还设有长江增殖放流站，引导社会公众开展科学放生。

陆

中山植物园

坐落于钟山风景区内，占地 186 公顷。园内珍藏有腊叶标本 70 余万份，保存植物 3000 种以上，是一个奥妙无穷的植物王国。

白马公园里的“网红”

城市公园里也藏着很多惊喜，以白马公园为例，本是石刻公园，在古朴的石头之下却是自然新生，这里花繁叶茂，吸引了数只白胸翡翠在这嬉戏。它们倒也不怕人，蹲在树枝上，任凭市民观看拍摄。

白胸翡翠

Halcyon smyrnensis

伴着一声尖锐的叫声，阿槑和风车娃只看到一道闪电划过湖面，还没来得按下快门，它已经带着猎物飞回了枝头，整个过程不过几秒，引得周围的人群一阵惊呼。

点翠工艺

点翠工艺，是一项产生自汉代的传统金银首饰制作工艺，其中，点翠中的“翠”指的就是翠鸟的羽毛。一件好的点翠饰品要耗费上百只鸟羽，是一项极其残忍的工艺。

如今，随着公众对野生动物保护意识的提高，点翠工艺，已经不再奉行“翠羽为上”的传统观念，而是采用其他染色工艺进行替代。

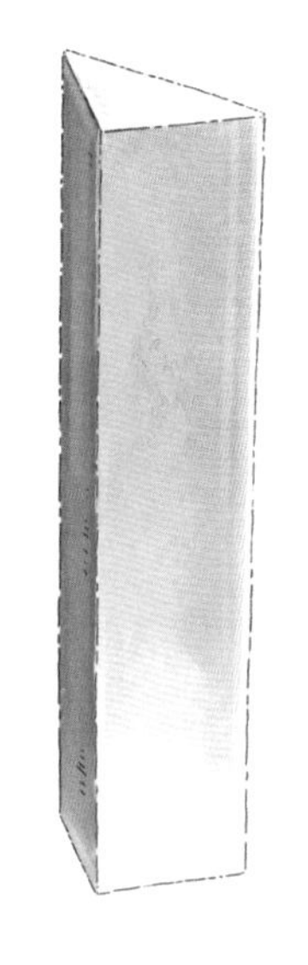

翠鸟羽毛的变色原理

翠鸟羽毛上有一些细微的物理结构，使光波发生了折射、漫反射、衍射或干涉等光学现象而产生的绚丽的颜色，就像一个三棱镜将白光分解成其频谱的彩虹色。

马路边的惊喜

全缘叶栾树（无患子科，栾树属）

Koelreuteria bipinnata Franch. var. integrifoliola

栾树是南京街头常见的一种行道树，也是秋天首批发色的彩叶树种。一树三色，可谓是颜值担当。

最佳打卡地：情侣园、石头城路、四川路、凤台南路。

二球悬铃木

Platanus acerifolia (Aiton) Willd.

二球悬铃木就是大名鼎鼎的梧桐树，陪伴南京走过一个多世纪风雨的梧桐树，凝结着南京人的浪漫情结。

最佳打卡地：中山陵梧桐大道、瞻园路、颐和路、中山东路。

有人因为中山大道梧桐的浪漫，留在南京；也有人因为满屏银杏的金黄，每年打卡北京西路。南京城市里一半的斑斓都是行道树给的，梧桐、银杏、海棠……它们释放着四季更迭的信号，给人以不经意间的惊喜。

银杏

Ginkgo biloba

银杏为中生代孑遗的稀有树种，系中国特产，每年秋天，满目金黄成了观赏的重头戏。

最佳打卡地：玄武湖银杏大道、明孝陵石象路、清凉山公园、惠济寺。

海棠

桃红色的花朵挂满枝头，嫩绿的枝叶点缀其间，盛放的海棠有着让人拒绝不了的魅力。

最佳打卡地：莫愁湖公园、牛首山景区、明孝陵景区。

城墙脚下的自然更新的水杉群

听风车娃说，水杉是一种古老的植物，约在1亿多年前的白垩纪诞生。经历了数次地质大变局，只在中国幸存下来，成为旷世奇珍。野生水杉的繁衍极其困难，只有极少数的幼苗能够存活。而眼前城墙脚下这小小的水杉群，是迄今为止世界城市中已知最大的自然更新水杉种群，顿时让阿踩肃然起敬。

雌雄同株的水杉

水杉的雌雄同株，就像是一棵植物既有“男朋友”又有“女朋友”，不需要找另外一棵植物，就能自行繁殖。

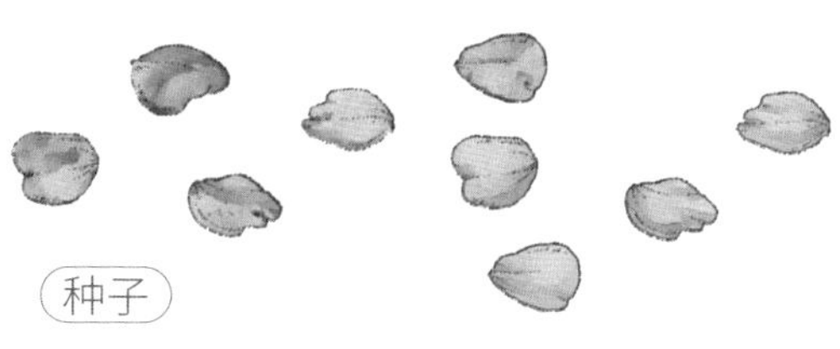

水杉树

Metasequoia glyptostroboides Hu & W. C. Cheng

①树冠广圆型，枝叶稀疏

②树皮灰色

水杉叶

①羽状，冬季与枝一同脱落。

②叶条形，上面淡绿色，下面色较淡

③枝斜展，小枝下垂

近距离观察“黄大仙”

城墙边的草丛里传来“窸窸窣窣”的声音，引起了阿槑的好奇心，仔细寻觅，居然发现是神龙见首不见尾的“黄大仙”——黄鼬，正在小水坑里洗澡呢！

“黄大仙”最爱食物榜

阿槑从小就听过一句歇后语“黄鼠狼给鸡拜年——没安好心”，还因此对黄鼠狼有过偏见。但其实黄鼠狼最爱吃的是老鼠不是鸡！据统计，一只黄鼠狼一年能够消灭上百只老鼠，是个不折不扣的“捕鼠大师”。

在乡村

青山掩映、流水潺潺，白墙青瓦、飞檐翘角……阿槑漫步在村畔田间，目之所及皆是美景。如今的乡村，家家户户门庭整洁，房前屋后花草紧簇，竟像是藏在南京郊外的“桃花源”！既接纳了城市人无处安放的心灵，也给野生动植物提供了更好的生存空间。

郊野趣味

南京人常吃的“七头一脑”

来到乡村，阿槑的第一件事就是找野菜。“南京一大怪，不爱荤菜爱野菜”，南京人的“野菜情节”，并不亚于盐水鸭。记得小时候，一到春天踏青的时节，小孩子们就会拿着铲子跟着大人到郊外，一边踏青一边挑野菜。而在南京不胜枚举的野菜中，最负盛名的要数“七头一脑”和“水八鲜”了。

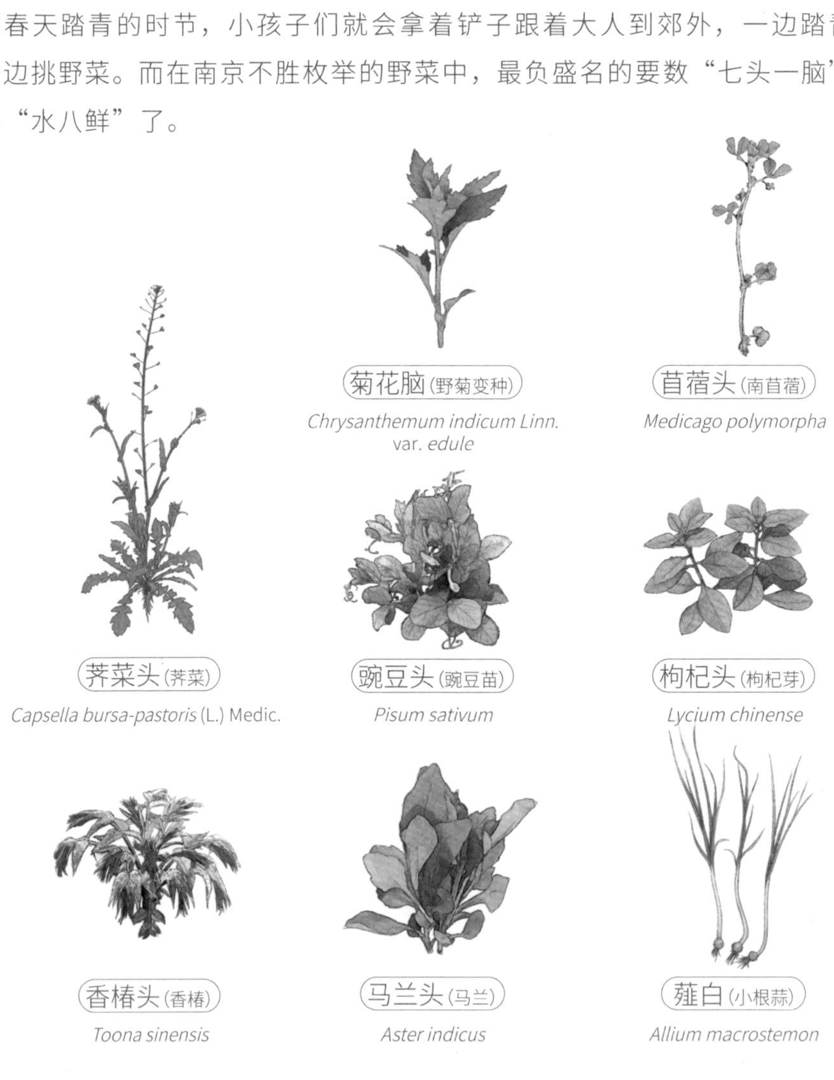

餐桌上的水八鲜

荸荠

Eleocharis dulcis

菱

Trapa natans

莲

Nelumbo nucifera

水芹

Oenanthe javanica

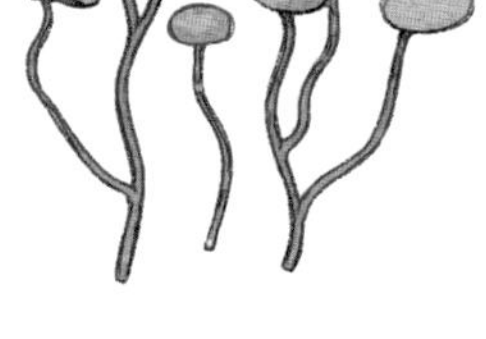

莼菜

Brasenia schreberi

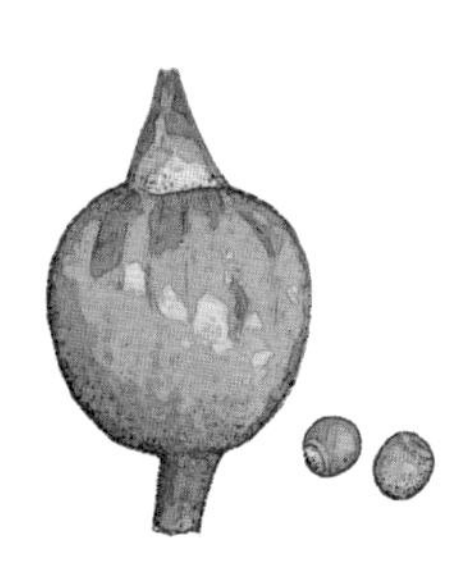

鸡头米（芡实）

Euryale ferox

茭白（菰）

Zizania latifolia

茨菇

Sagittaria trifolia var. *sinensis*

菌菇俱乐部

乡村山间的菌菇是大自然的一种馈赠。夏日，只要雨水一过，菌菇们便纷纷冒出了头。阿槑和风车娃玩起了“采菇”比赛，看看谁采到的菌菇更多！

当然！找菌菇也是需要经验的，风车娃提醒大家，没见过的菌菇可千万别摘，更不能拿来食用哦！

金黄磷盖菇
Cyptotrama asprata

紫红小皮伞
Marasmius pulcherripes

四川灵芝
Ganoderma sichuanense

大青褶伞（剧毒）
Chlorophyllum molybdite

鸡腿菇（毛头鬼伞）
Coprinus comatus

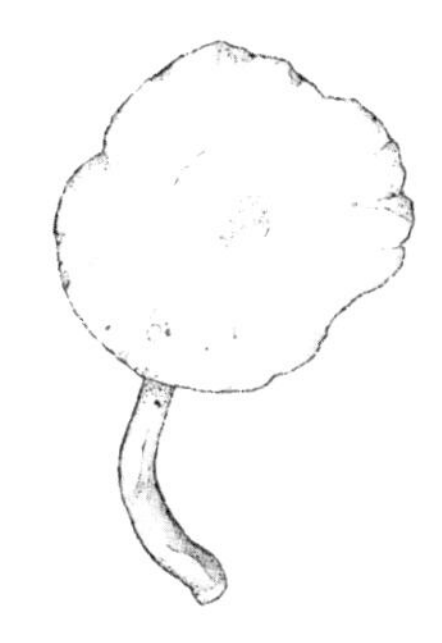
淡玫红鹅膏（剧毒）
Amanita pallidorosea

桦革裥菌
Lenzites betulinus

云芝
Trametes versicolor

南京郊野湿地最佳观鸟点

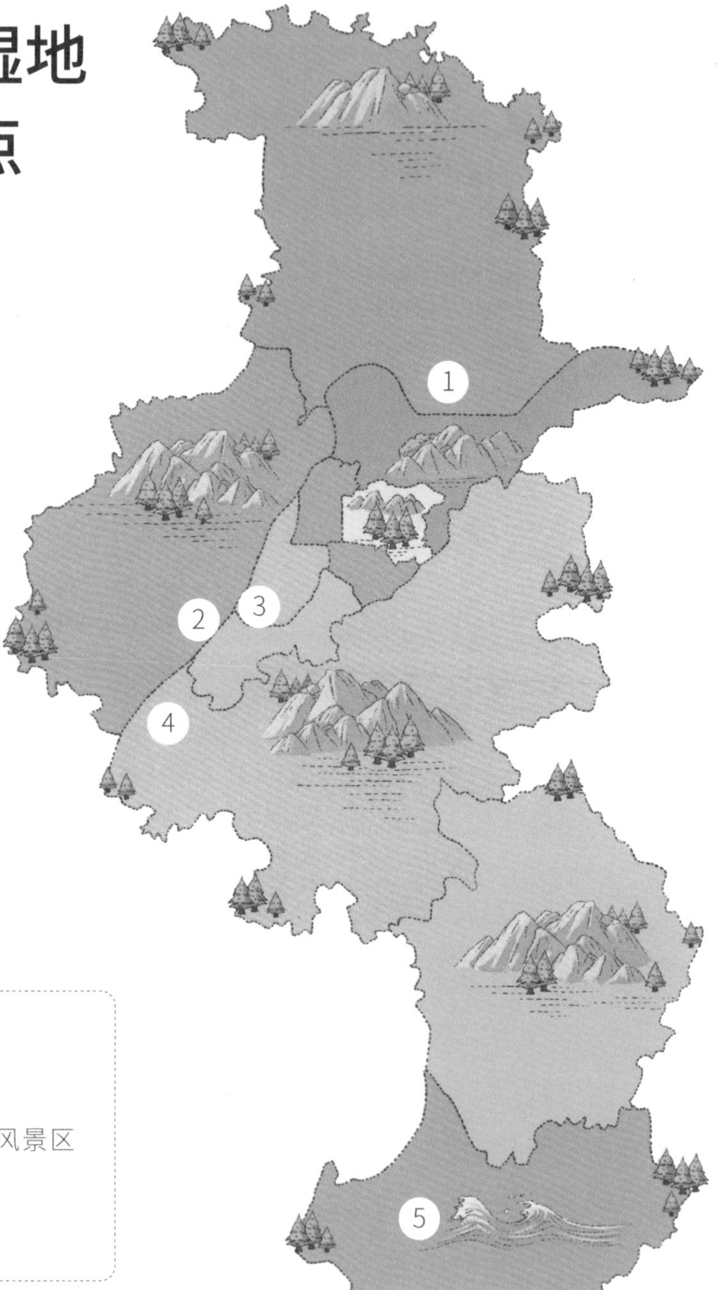

如果往人烟稀少的区域走去，郊野的湿地湖泊形成了丰富的生态群落，给予了大自然施展生命力的空间。听风车娃说在南京的湿地中，能看到的鸟类多达160多种，有兴趣的话，不妨去下面的这些地点，探寻鸟儿的踪迹吧！

① 六合龙袍湿地
② 绿水湾湿地公园
③ 江心洲鼋头石湿地风景区
④ 新济洲湿地公园
⑤ 高淳石臼湖湿地

观鸟小贴士

1、与鸟类保持适当的距离，互不打扰。
2、穿着与观鸟环境相融合的衣裤。
3、利用自然光拍摄鸟类，不使用闪光灯。
4、保持隐秘且安静，不进行诱拍。
5、不破坏鸟巢和捕捉幼鸟。
6、不食用野生鸟类。

观鸟首先需要的是：望远镜

双筒望远镜

单筒望远镜

除了望远镜 观鸟还需要准备什么呢？

数码相机
比肉眼更快速且准确地捕捉到鸟的特征

手机
携带方便，可以结合一些观鸟APP，形成电子观鸟日记

笔记本
用图画和文字记录观鸟的过程

鸟类图鉴
遇到不认识鸟类，可以翻开图鉴进行对照

震旦鸦雀“现身”了

在六合龙袍，江边芦苇荡一眼望不到边际，顺着江堤下的小路走入芦苇荡深处，不时有鸟儿听到脚步声飞起来，风车娃这次带阿槑看的是一种只生活在芦苇荡中的鸟儿——震旦鸦雀。

听它“鸟中大熊猫”的称呼，就足见震旦鸦雀的珍贵性，从1871年专家在南京第一次发现震旦鸦雀的标本到现在，它们的数量一度随着芦苇荡的减少而急剧下降，而如今随着六合龙袍湿地芦苇面积的恢复，它们的命运迎来了转机。

芦苇
Phragmites australis

沿江的芦苇荡是震旦鸦雀在南京的家，由于长期的演化，震旦鸦雀形成了和芦苇共存的习性，它们在芦苇中生活，以芦苇秆中的虫为食。而芦苇根茎发达，既能加固河湖堤坝，又能净化水质，留住芦苇荡才是保护震旦鸦雀最好的方法。

绿水湾湿地公园里的“超级奶爸”

绿水湾湿地还原修复一年多后，远走他乡的“水中凤凰”水雉，终于成双成对地回家了。

水雉鸟一族最特别的地方是它们是妥妥的“母系社会”，遵循一妻多夫制，这种婚配制度在鸟界十分少见，妈妈们整天忙着争夺领地，产卵之后就把孵蛋、养娃等后续一系列工作，统统交给了水雉爸爸。

小贴士

水雉奇特的双脚

水雉鸟的脚与身体比例极不协调，脚趾特别长，犹如分叉的枯树枝，这样演化是为了更好地分散身体重量，使其可以在水草和荷叶上施展“凌波微步”，也更方便捕捉水生植物、小鱼、小虾和水生昆虫等食物。

水雉

Hydrophasianus chirurgus

江心洲上黑鸢的大合唱

阿槑口中的“老鹰”其实就是黑鸢，眼后的黑羽、翼上白斑和分叉的尾羽是它们的一大特点，飞行时非常容易辨认。而在江心洲的无人小岛上，天然的生态，吸引了上百只黑鸢居住于此，形成了浩浩荡荡的鸟群。

自然界的清道夫

黑鸢作为机会主义者，食性相当杂，什么都能吃。相比一些小型动物或者家禽，那些不劳而获的“免费的大餐”是它们的最爱，比如：自然水域中的死鱼，垃圾场周围的昆虫和人类丢弃的家畜内脏……因此它们也荣获“大自然中的清道夫”一称。

黑鸢

纸鸢

黑鸢

风筝的原型居然是它

在中国，风筝被称为纸鸢，其中“鸢”指的就是黑鸢，古人模仿黑鸢展开双翼，在天空中飞翔的样子创造了纸鸢。而在西方，黑鸢在英语中被称为“Black Kite”，翻译回中文则为“黑风筝”，看来中西方对于黑鸢的认识可以说是异曲同工。

新济州国家湿地公园的食物链

在新济州国家湿地公园内，形成了一条复杂的食物链，许多生物在其中扮演着重要的角色。植物、昆虫、鸟类、细菌……它们通过相互作用和依赖，共同维持着整个湿地生态系统的平衡和稳定。

异色灰蜻

Orthetrum melania Sely

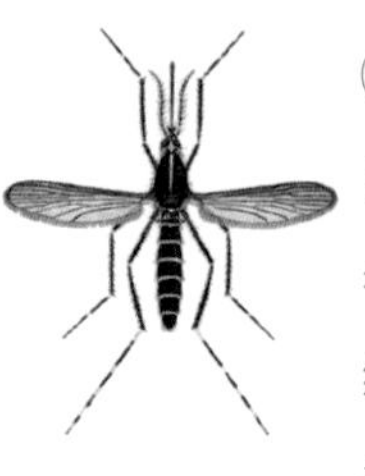

昆虫

昆虫为食物链中高一级的掠食者提供了能量，在湿地生态系统的物质循环和能量流动中起着不可忽视的作用。

水生植物

通过光合作用吸收阳光和二氧化碳，产生有机物质并释放氧气，并成为一些草食性生物的食物。

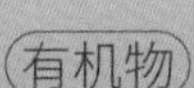

有机物

浮游生物

悬浮在水层中随波逐流，一旦数量激增，可能会发生水体污染。

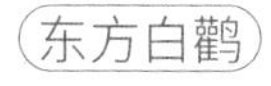

东方白鹳

Ciconia boyciana

两栖动物

两栖动物是湿地的天然居民，它们捕捉各种昆虫，又被鸟类等更上层的捕食者捕食。

金线侧褶蛙

Pelophylax plancyi

鸟类

位于湿地生态系统中食物链的顶层，鸟的种类及数量是衡量湿地是否健康的标准之一。

鱼类

一边平衡着昆虫的数量，一边为水鸟提供丰富的食物。

草鱼

Ctenopharyngodon idella

水生昆虫

许多种类对水质非常敏感，可作为检测水质的指示物种。

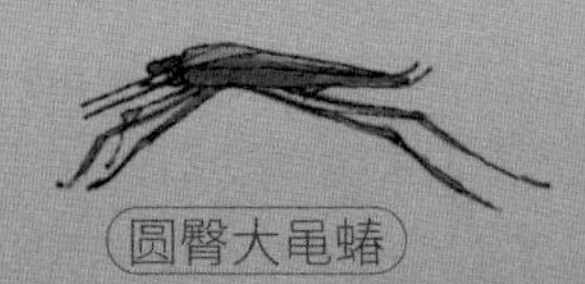

圆臀大黾蝽

Aquarius paludum

石臼湖湿地上的鹅鸭大军

罗纹鸭(雌雄)

Mareca falcata

雄鸟尾部具有弯曲呈镰刀状的三级飞羽，雌性不具有且以深棕和黑色为基色。

绿头鸭(雌雄)

Anas platyrhynchos

雄性的头颈部被绿色羽毛覆盖，腹部两侧还有宝蓝色翼镜，雌性以浅棕色和黑褐色为基色。

红头潜鸭(雌雄)

Aythya ferina

雄性头顶呈红褐色，雌性大都呈淡棕色，翼灰色，腹部灰白。

小贴士

说到鸭子，南京称第二没人敢称第一，在南京更有无鸭不成席的说法，但风车娃友情提醒，并不是所有南京的鸭子都能吃的，这些鸭子可吃不得啊！

石臼湖是为数不多的通江湖泊，生物资源十分丰富，有“日出斗金”之说。每年深秋，这里都会迎来一批又一批来自远方的鹅鸭大军，从绿头鸭、凤头潜鸭，到小天鹅。为了给这些小生灵带来五星级体验，村民主动后退坚持“不打扰”的守护。

凤头潜鸭（雌雄）
Aythya fuligula

雄性头颈为黑色且有紫色金属光泽，头上还有一根“小辫”。雌性羽色接近，没有金属光泽，“小辫”较短。

小天鹅
Cygnus columbianus

睁一只眼闭一只眼

绿头鸭打瞌睡时每过 6 秒就会稍稍睁开一次眼睛，只要没有什么危险情况就会继续休息。所以它们可以一边睡觉，一边无意识地站岗放哨，不给敌人偷袭的机会。

向着绿色出发

1月
2月
3月
4月
5月
南京物种月历
① 早起的中华虎凤蝶
② 翩翩起舞的云彩
③ 等你来捉我
⑦ 遇见狗獾
⑧ 万物复苏啦!
⑨ 5/22 国际生物多样性日
⑬ 看!是候鸟!
⑪ 金陵赏花季
⑭ 荷花开啦!
⑯ 挖野菜的好时节
⑱ 去见长江江豚

野生动植物的变化是南京生态环境变化的缩影，不管是在城市中还是郊野外，能和它们相遇，无疑是一次梦幻体验，让我们带着这张“南京物种月历”，跟着风车娃和阿槑一起去寻找南京一年四季里的美丽生物吧！

通入空气
格栅过滤
污水处理十步搞定!
填入材料
肥水排污
①光大环保能源（南京）有限公司
②江苏省南京环境监测中心
③南京高科环境科技有限公司
④南京凯燕电子有限公司
⑤光大水质净化南京有限公司
⑥南京绿环废物处置有限公司
⑦光大再生能源（南京）有限公司
⑧江苏金陵环境股份有限公司铁北污水处理厂

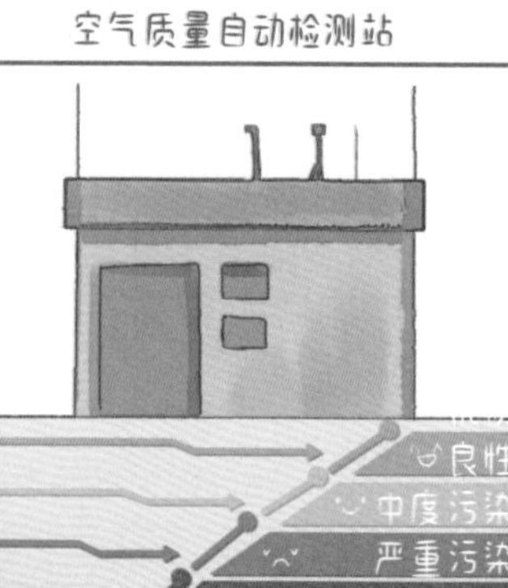
空气质量自动检测站
良性
中度污染
严重污染

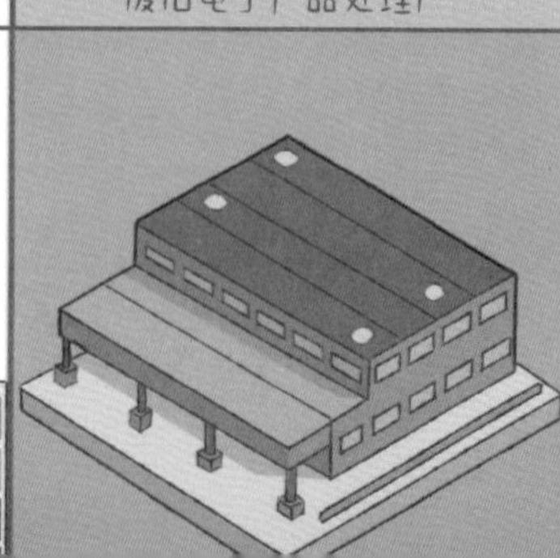
废旧电子产品处理厂

人工拆解
塑料
电线

环保设施参观之旅

生态环境的改善可是需要付出很多努力的，风车娃告诉阿槑，在日常看不到的地方，很多人正在背后默默付出呢！

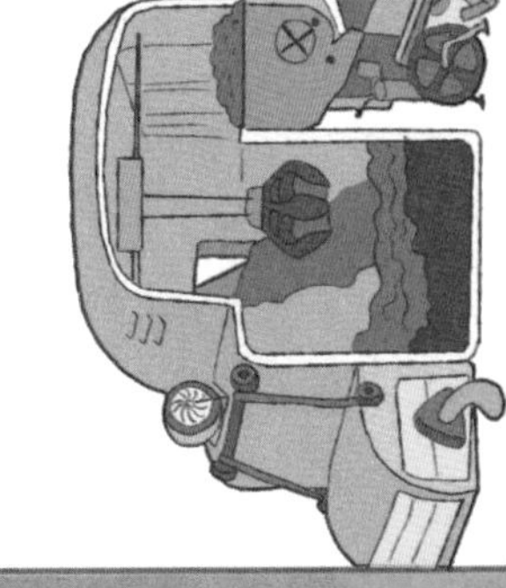

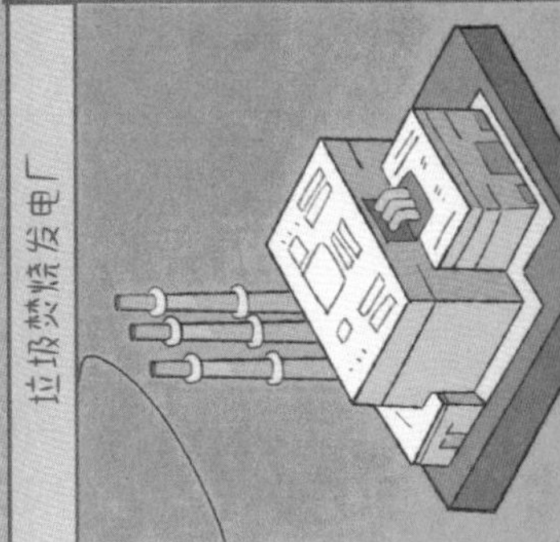

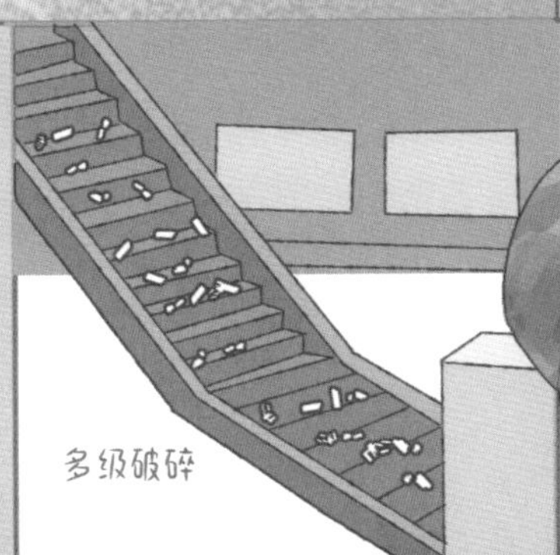

绿色约定

这次的旅程，阿槑跟着风车娃，跨过山川河流，穿越城市乡村。领略了翩翩起舞的“云彩”，也探寻了长江与长江江豚的悠悠过往，在城墙脚下偶遇了黄大仙，也在芦苇荡邂逅了震旦鸦雀。不仅欣赏了沿途的风景，更见证了生命的传奇。为了这些可爱的“小生命”，阿槑和风车娃许下这小小的约定。

南京生态文明公约

关注生态环境

分类投放垃圾

节约能源资源

践行绿色消费

选择低碳出行

共建美丽中国

减少污染产生

呵护自然生态

参加环保实践

参与监督举报

江苏生态文明20条

1. 按需点餐要光盘
2. 外卖自己备餐具
3. 闲置衣物来捐赠
4. 快递包装重复用
5. 洗漱间隙关龙头
6. 随手关灯拔插头
7. 定期清洗油烟机
8. 少乘电梯勤爬楼
9. 垃圾分类不乱扔
10. 重污染天少开车
11. 新车优选新能源
12. 外出自己带水杯
13. 打印复印选双面
14. 公共空调调适温
15. 个人电音不外放
16. 公共绿地不种菜
17. 野生动物不捕食
18. 不向河湖丢杂物
19. 露天焚烧不可取
20. 化肥农药合理用